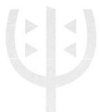

빛깔있는 책들 301-32

한국의 버섯

글, 사진/조덕현

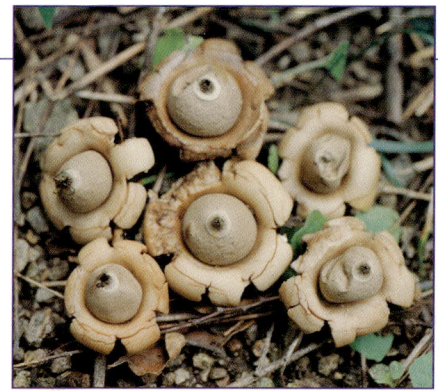

대원사

조덕현 ─────────

경희대학교 생물학과를 졸업하고
고려대학교 대학원에서 석사와 박
사학위를 취득하였다. 영국 레딩
대학교 식물학과, 일본 가고시마
대학교 농학부, 일본 오이타현의
버섯연구지도센터에서 연구하였으
며 광주 보건전문대학 교수를 역
임하였다. 현재 우석대학교 자연
과학대학 생물학과 교수로 있다.
주요 저서로 『균학개론』, 『생물학』,
『고등학교 생물Ⅰ』 등 10여 권이
있고 「한국산 외대버섯속의 분류
학적 연구」, 「외대버섯의 포자 발
생」, 「백두산의 균류상에 관한 연
구」, 「국립공원의 균류상에 관한
연구」 등 생태, 분류에 관한 100여
편의 논문이 있다.

한국의 버섯

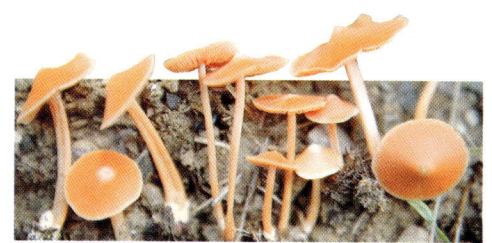

한국의 버섯

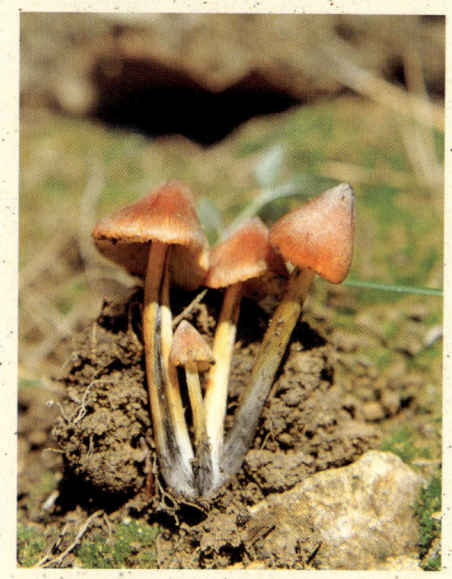

머리말

오늘날 생물의 종류는 학자에 따라 차이는 있지만 대략 150만 종 정도로 추산하고 있다. 새로이 발견되는 종류도 있지만 환경 오염 및 생태계의 파괴로 알게 모르게 하루에도 수십 종씩 사라지고 있는 실정이다. 이렇게 사라지는 종들 가운데엔 인간 생활에 유용하게 이용될 수 있는 것들이 상당수 있다.

중요한 가치를 지닌 생물이 널리 알려지기도 전에 사라진다는 것은 매우 안타까운 일이다. 그러므로 지구상의 생물을 정확히 파악하여 자연 자원을 확보하는 것은 매우 중요하며 버섯도 예외일 수는 없다.

버섯은 오랜 옛날부터 식량 자원, 산림 자원, 약용 자원으로 이용되어 온 생물이며 최근에는 항암 물질을 함유하고 있다는 사실이 밝혀짐으로써 많은 사람들의 관심을 불러일으키고 있다. 그러나 버섯이 사람들에게 이로움만을 주는 것은 아니다. 나무를 썩혀서 경제적 피해를 주는 버섯이 있는가 하면 귀중한 인명을 앗아가는 독버섯도 있다.

하지만 버섯의 종류나 특성, 식용 유무 등 기본적인 지식을 갖추고 있다면 버섯은 사람에게 피해를 주는 면보다 이익을 주는 면이 훨씬 많은 생물이다. 그러므로 버섯에 대한 정확한 지식을 갖는 것은 우리 생

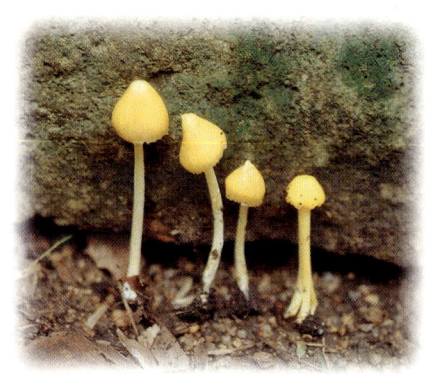

활을 풍요롭게 할 것이며 나아가 자연 자원의 중요성을 인식하고 자연
을 사랑하고 보호하는 마음을 갖게 할 것이다.

　여기에 수록한 버섯들은 국립공원을 중심으로 도립공원과 강원도의
유명한 산에서 저자가 직접 채집, 동정(同定)하고 촬영한 것들이다. 백
두산의 버섯은 고인이 되신 박성식(전 마산 성지여고) 선생의 사진을 일
부 사용하였다. 고 박성식 선생께 감사한 마음을 지면으로나마 표한다.

　끝으로 이 책이 독자들에게 버섯을 이해하는데 좋은 길잡이가 된다
면 저자로서는 말할 수 없는 큰 기쁨이 될 것이다.

버섯은 어떤 생물인가

버섯이란

버섯은 균사라고 하는 세포로 구성되어 있다. 버섯은 흔히 곰팡이라고 하는 균류 가운데서 자실체(버섯)를 형성하는 것을 말하며 식물에 비유한다면 꽃에 해당하는 생식기관이다. 보통명은 버섯이라 하고 학술적 용어로는 고등 균류라 말한다.

버섯의 생활사

버섯이 발생되어 생활하는 것은 짧은 기간에 불과하다. 또 생활의 대부분은 균사 상태로 땅속이나 부식토, 고목과 같은 유기물 속에서 생육하고 있다. 이 균사들은 포자가 발아하여 된 것으로 포자가 발아하면 1차 균사가 되고, 또 다른 포자에서 발아한 1차 균사와 만나서 서로 세포질 융합이 이루어져 2차 균사가 된다. 이 2차 균사가 3차·4차 등의 균사로 되면서 적당한 환경에서 자실체를 형성한 것을 버섯이라고 말한다.

그렇다고 1차 균사가 모두 접합하는 것은 아니고 접합하지 않는 것

버섯의 생활사

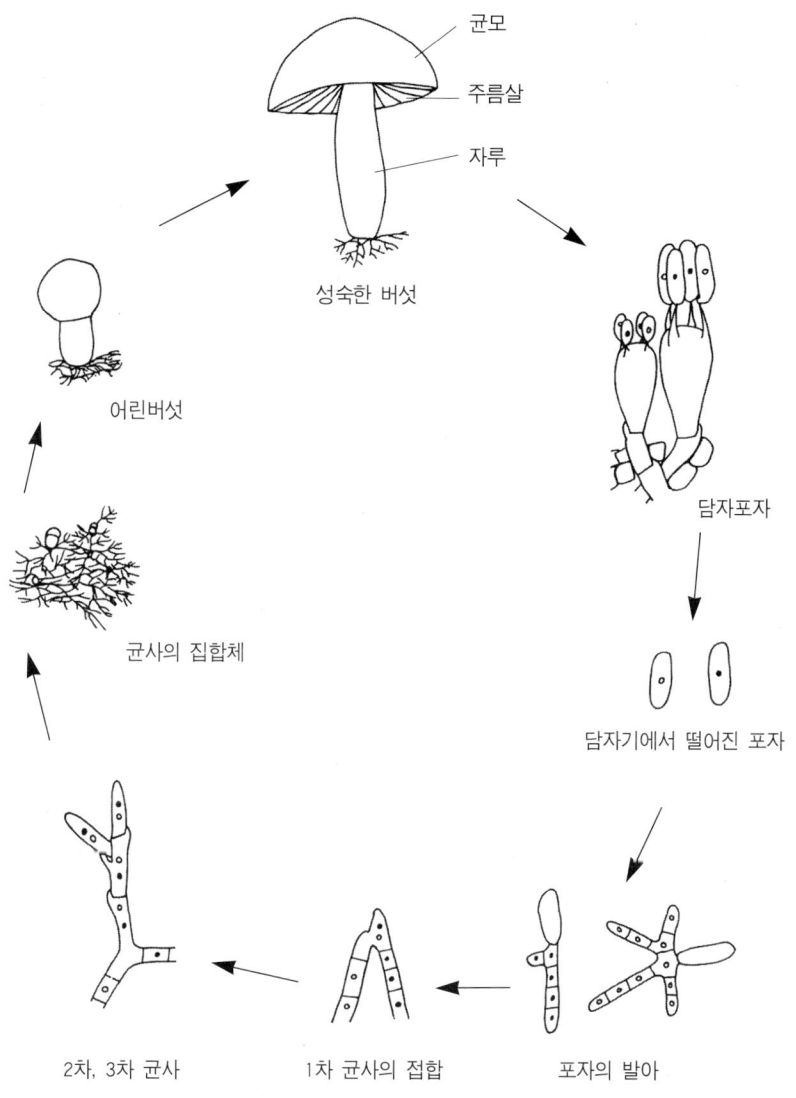

균모

주름살

자루

성숙한 버섯

어린버섯

담자포자

균사의 집합체

담자기에서 떨어진 포자

2차, 3차 균사

1차 균사의 접합

포자의 발아

버섯의 발생 상태

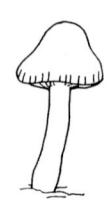

홀로 나는 것

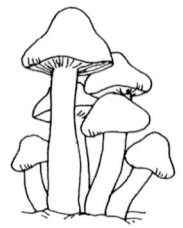

무리지어 나는 것

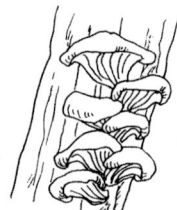

겹쳐서 나는 것

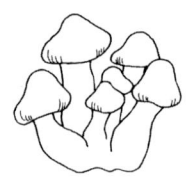

뭉쳐서 나는 것

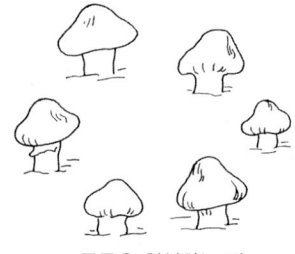

균륜을 형성하는 것

이 더 많다. 버섯은 한 번 발생한 뒤에는 서식지에 어떤 환경 변화가 일어나지 않는 한 긴 세월 동안 해마다 발생한다.

식물의 씨앗과 포자와의 차이점

씨앗은 발아하여 완전한 식물체가 되면 다시 씨앗을 만든다.

포자는 발아하면 균사가 된다. 그러나 이 균사가 바로 버섯이 되는 것은 아니고 다른 균사와 접합하여 2차, 3차 균사가 되었을 때 비로소 버섯이 된다.

균사가 버섯을 형성하는 이유

균사가 땅속에서 생활하는 것은 자기 종족과 개체 보존에 비능률적이다. 흙 속 또는 흙 위에서 균사가 증식하는 데는 한계가 있다. 그러나 '버섯'이 되면 주름살에 수십억 개의 포자를 만들 수 있다. 버섯은 그 포자들을 바람, 물, 곤충 같은 매개체에 의해 넓은 지역에 효과적으로 분산시킬 수 있으므로 종족 보존이나 개체 보존에 대단히 유리하다.

버섯의 기능

균류는 부생 생활이나 기생 생활을 통해 물질을 분해하거나 식물과 공생함으로써 생태계 물질의 순환을 돕고 있는 미생물군이다.

균류는 녹색 식물처럼 엽록소를 함유하지 않아서 스스로 양분을 만들 수 없다. 그러나 버섯은 분비한 효소로 유기물을 분해하여 양분을 얻고 그것을 다시 무기물로 분해하는 생태계의 중요한 환원자 역할을 하고 있다.

한편 버섯은 동물과 식물에 기생하여 질병을 일으키기도 한다. 가령 나무에 기생하는 버섯은 나무를 죽게 하고 목재부후균은 싱싱한 목재를 썩게 만드는 등 인간에게도 막대한 손실을 주기도 한다. 그러나 어떤 버섯은 식물과 공생함으로써 서로 이익을 주고받는다. (균근 형성균)

버섯과 공생을 하는 나무는 그렇지 않은 나무에 비하여 성장 속도가 훨씬 빠르다. 또 맨땅에서 자라는 나무가 버섯과 공생하는 경우, 살아남을 확률이 높으므로 황무지나 산림을 가꾸는 데 이용이 가능하다.

버섯의 성분

식용 버섯은 70 내지 95퍼센트의 수분과 5 내지 30퍼센트의 유기 및 무기 성분으로 되어 있다. 건조시킨 버섯은 15 내지 30퍼센트 정도의 단백질, 2 내지 10퍼센트의 지방과 50퍼센트 안팎의 가용성 무기물이 들어 있고 5 내지 10퍼센트의 조섬유와 칼륨, 인산, 회분 등이 함유되어 있다. 일반적으로 맛이 좋은 식용 버섯에는 아미노산, 마니트, 트레할로오스 등이 많이 들어 있으며 그 밖에 비타민 B_2와 D의 전구체인 에르고스테린 같은 여러 비타민류와 효소도 들어 있다.

버섯의 이용

버섯은 아주 오랜 옛날부터 인류의 산림 자원, 식량 자원, 약용 자원이 되어 왔다. 다시 말해 유기물을 분해하여 생태계에 환원시키고 식물과 공생하여 산림을 가꾸는 데 이용하여 온 산림 자원인 것이다.

고대 사람들에게 버섯은 '대지의 음식' 또는 '요정의 화신'으로 생각될 정도로 중요한 식량 자원이었다. 독특한 향기와 맛뿐만 아니라 영양 가치가 높아서 중국 사람들은 버섯을 불로장수의 영약으로 소중하게 여겨 왔다.

우리나라에서도 오래 전부터 버섯을 이용하였는데 김부식의 『삼국사기』(1145년)에 의하면 신라 성덕왕 시대에 이미 목균(木菌:金芝)과 지상균(地上菌:瑞芝)을 이용한 흔적을 찾아볼 수 있다. 그리고 『세종실록』에선 식용 버섯으로 송이, 표고, 진이(眞耳), 조족이(鳥足耳) 등이 기록되어 있어 조선시대에 이미 여러 버섯을 다양한 용도로 많이 이용하였음을 보여 준다.

또 『세종실록』에는 약용 버섯으로 복령, 복신(茯神)의 생산지까지 기록하였고 허준의 『동의보감』에는 복령, 저령, 곰보버섯, 목이, 말똥진흙버섯, 표고, 송이 등 버섯의 약용법이 자세히 쓰여 있다. 이것으로보아 일찍부터 약용 자원으로 버섯이 사용되었음을 알 수 있다.

최근에는 표고버섯에 콜레스테롤의 축적을 억제하고 고혈압과 당뇨

병의 혈당량을 저하시키는 효과가 있는 것으로 알려지고 있다. 또 불로초(영지)와 목질진흙버섯(상황버섯) 등 여러 종류의 버섯에서 항암 물질을 찾아내려는 연구가 진행되고 있어서 멀지 않은 장래에 의약용으로의 이용이 가능할 것 같다.

독버섯

버섯 가운데는 독 성분을 가지고 있어서 사람이 잘못 먹었을 경우 여러 가지 부작용을 일으키는 종류가 있으며 심하면 죽는 경우도 있다.

현재 우리나라에 발생하고 있는 독버섯은 20 내지 30종밖에 되지 않는다. 독버섯을 독 성분의 차이에 따라 구분하면 먹어서 생명에 관계있는 맹독성 버섯, 생명에는 거의 영향이 없으나 독성이 있는 버섯, 가벼운 중독을 일으킬 정도의 버섯으로 구별할 수 있는데 독버섯을 간단히 분별할 방법은 없다. 자루가 세로로 찢어진다든가, 은수저가 검게 변한다든가, 색이 아름답다든가 하면 독버섯이라는 말이 전하고 있으나 모두 꼭 맞지는 않다.

독버섯의 구별은 형태적으로는 불가능하고 과학적으로 내용 성분을 알아 두는 것이 가장 확실하지만 분류적 방법을 이용하는 것이 더 좋다. 독버섯은 대개 일정한 속(genus)에 편재하여 있으므로 분류의 지식을 이용하여 속을 알면 구분이 편리하다.

독버섯의 중독 증상에 의한 분류

독버섯으로 인한 중독은 버섯이 함유한 독 성분에 따라 증상이나 위험 정도가 달라진다. 무스카린이나 모노메틸하이드라진은 생명에 치명적인 영향을 미치는 것으로 세포를 파괴하고 간, 콩팥에 장해를 일으켜

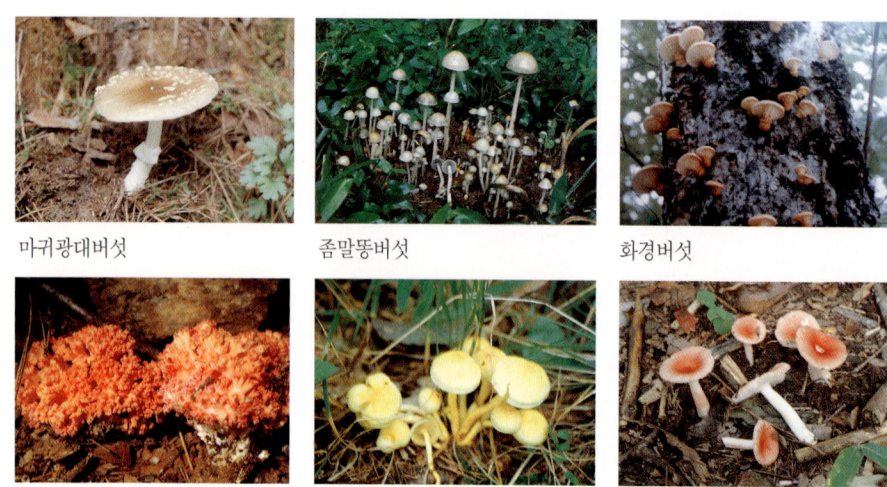

마귀광대버섯   좀말똥버섯   화경버섯

황금싸리버섯   노란다발버섯   냄새무당버섯

생명을 앗아간다. 중독 증상은 6시간에서 10시간 뒤에 나타난다. 독우산광대버섯(*Amanita virosa*), 흰알광대버섯(*A. verna*), 알광대버섯(*A. palloides*), 비탈광대버섯(*A. abrupta*), 암회색광대버섯아재비(*A. pseudoporphyria*), 절구버섯아재비(*Russula subnigricans*) 등의 버섯이 무스카린을 함유하고 있으며 모노메틸하이드라진을 함유한 버섯으로는 마귀곰보버섯(*Gyromitra esculenta*)이 있다.

코프린, 무스카린을 함유한 독버섯은 주로 자율 신경계에 작용하여 중독을 일으키는데 증후는 먹고 난 뒤 20분에서 2시간 뒤에 나타난다. 두엄먹물버섯(*Coprinus atramentarius*), 배불뚝이깔대기버섯(*Clitocybe clavipes*)에 코프린이 들어 있다. 땀버섯(*Inocybe rimosa*)에는 무스카린이 들어 있는데 중독되면 주로 땀이 난다.

이보텐산이나 무시몰, 시로시빈-시로신의 성분을 가진 버섯은 주로 중추 신경계에 영향을 미치는 버섯으로 먹고 난 뒤 20분에서 2시간 뒤에 증상이 나타난다. 광대버섯(*Amanita musicaria*), 마귀광대버섯(*A. pantherina*)이 이보텐산이나 무시몰의 성분을 가지고 있으며 검은띠말 똥버섯(*Paneolus subbalteatus*), 좀말똥버섯(*P. sphinctrinus*)은 시로시빈-시로신에 의해 환각 증상을 나타내기도 한다.

또한 주로 위장을 자극하여 섭취한 뒤 30분에서 3시간 뒤에 중독 현상이 나타나는 위장독을 가진 버섯으로는 삿갓외대버섯(*Entoloma rhodopoilum*), 화경버섯(*Lampteromyces japonicus*), 흰갈색송이(*Tricholoma albobrunneum*), 황금싸리버섯(*Ramaria aurea*), 붉은싸리버섯(*R. formosa*), 노란다발버섯(*Naematoloma fasciculare*), 냄새무당버섯(*Russula emetica*), 미치광이버섯(*Gymnopilus sectabilis*) 등이 있다.

이 외에도 독깔대기버섯(*Clitocybe acromelalga*)은 먹으면 손발이 붉게 되고 통증이 있다. 먹은 지 4 내지 5일 뒤에 증상이 나타나며 심한 통증이 1개월 가량 계속된다.

괴상한 중독 증상

환각버섯속이나 말똥버섯속에는 신경을 자극하여 웃음이 나오는 증상을 나타내는 버섯이 있으나, 위험성은 없다. 독성분은 아직 완전히 밝혀지지 않고 있으나 신경 계통에 작용하므로 이상한 흥분 상태가 되어 기분이 좋아지고 웃고 노래하는 등 약간 정신 이상 상태를 보이며, 감각이 마비되기도 한다. 생명에는 별다른 지장이 없고 하루쯤 지나면 완전히 회복되고 그 밖에 다른 부작용은 없으니 무서운 독버섯은 아니다. 문화 정도가 낮은 민족들은 일부러 이런 버섯을 먹고 귀신이 들었다고 하는 풍습이 있다.

버섯을 먹을 때의 주의점

버섯의 독 성분은 열에 의하여 파괴된다. 또 말리거나 오래 저장하거나 물이나 소금물에 담가 두었다가 요리하면 독 성분이 없어진다. 젖버섯속이나 무당버섯속에 있는 매운 성분은 위장의 끈끈막을 자극하여 염증을 일으키는 수가 있으나 독 성분은 아니다. 이것들도 마찬가지로 물에 담그거나 기름에 튀기거나 말려서 저장하였다가 먹으면 아무 탈이 없는 것들이다.

버섯의 분포

각 대륙이나 섬의 균류 분포상은 비슷한 점도 있지만 반면에 독특한 균류상을 가지고 있는 곳도 있다. 이것은 지구의 생성 과정에서 연유하는 것 같다.

우리나라의 균류 분포는 범세계적인 종, 북반구에 분포하는 종, 유라시아에 분포하는 종, 동아시아와 북아메리카에 분포하는 종, 극동 지방에 분포하는 종, 동남아시아에 분포하는 종, 우리나라에만 분포하는 종 등으로 나눌 수가 있다. 지금까지 우리나라에서 조사된 균류도 이 범주에 거의 다 포함되고 있다.

이 가운데서 동아시아와 북아메리카 동부의 균류상이 비슷하다는 것은 이 두 지역의 고등 식물상이 비슷하다는 것에서 알 수 있다. 이것은 제3기의 극온대 식물군이 제4기의 빙하 시대에 남극에서 분리되었다가 빙하가 후퇴한 뒤에 다시 북상을 시작하여 현재와 같이 동아시아와 북아메리카로 되었기 때문이다. 곧 이 두 지역의 생성이 동일한 기원을 갖는다는 것을 의미한다. 따라서 이 지역의 식물들은 두 지역에서 각기 독립적으로 분화, 진화되었다. 지금은 속(genus)의 수준에서는 공통점을 갖고 있지만 종(species)에서는 공통점이 적다. 균류도 제3기부터 제4기 홍적세기를 통하여 고등 식물과 대부분 행동을 같이했을 것으로 생각된다. 균류의 종 분화는 고등 식물만큼 복잡하지는 않지만 비슷한 과정을 거쳤을 것으로 추측된다.

현재 우리나라의 균류상과 일본의 균류상이 비슷한 것도 지구 생성 과정에서 우리나라와 일본이 처음에는 한 땅덩어리였던 것이 지각 변동에 의해 분리되어 위에서 설명한 과정을 거쳤기 때문으로 생각된다.

버섯에 얽힌 이야기들

복령(*Poria cocos*)

복령은 소나무를 벌채한 뒤 3 내지 4년 또는 7 내지 8년이 경과한 소나무 뿌리 주변에 균이 기생하여 형성된 부정형의 균사 덩어리이다. 크기는 대개 길이가 10 내지 30센티미터 정도이고 무게는 0.1 내지 2킬로그램 정도이다. 속이 백색이고 질이 견고한 것은 백복령이라 하여 상품으로 거래되고, 속이 담홍색이고 질이 견고하지 못한 것은 적복령이라 하여 하품으로 여긴다.

또한 복령 가운데는 속에 소나무 뿌리를 포함하고 있는 것이 있는데 이러한 것을 복신(茯神)이라 한다. 복령은 거의 맛과 냄새가 없으며 다소 점액성으로 한방에서는 배뇨 이상에 의한 부종, 이뇨 불량, 위내 정수, 지갈, 심계 항진, 진성 등에 사용된다.

복령은 우리나라 각지에서 생산되지만 특히 경기도 양평, 포천 지방과 강원도 홍천, 인제 등에서 많이 나고 품질도 좋은 것으로 알려져 있다. 늙은 소나무가 많고 햇볕이 강하지 않은 그늘진 양토에서 잘 형성된다고 한다.

복령에 대해서는 다음과 같은 전설이 전해 내려오고 있다.

모함에 의해 죄인이 된 한 선비가 태백산 깊은 산속으로 들어가 각종 잡목을 베어내고 집을 지어 화전도 일구고 숯을 구워 시장에 내다 팔아 생계를 유지하고 있었다. 그는 슬하에 아들 하나를 두고 있었는데 재주가 매우 비상하였다. 아버지는 아들이 언젠가는 집안을 다시 일으키고 자신의 누명도 벗겨 주리라 기대하며 아들의 학문과 예절 교육에 전념하였다.

아들의 나이 어느덧 15세가 되어 과거 준비에 몰두하고 있던 초가을, 몸이 붓고 식욕이 감퇴하는 증상을 보이더니 드디어 자리에 눕고 말았다. 산에서 나는 각종 약초를 다 써 보았지만 차도가 없었다. 아들의 죽음이 점점 가까이 다가오는 것만 같았다. 아들의 간호에 지친 아버지는 허무하고 심란한 마음을 가눌 수 없어 마당가의 잘라낸 소나무 그루터기에 앉아 있다가 잠깐 잠이 들고 말았다.

비몽사몽간에 긴 백발의 수염을 휘날리며 산신령이 뒷산에서 내려오는 것이 보였다. 산신령은 "자식이 다 죽어 가는데 잠만 자고 있느냐!" 하고 꾸짖으며 지팡이로 선비의 어깨를 후려치고는 발밑에 짚고 온 지팡이를 꽂아 두고 어디론가 사라져버렸다. 선비가 깜짝 놀라 비명을 지르며 깨어 보니 꿈 속의 노인이 지팡이를 꽂았던 곳에 조그만 구멍 하나가 있었다. 이상히 생각하여 구멍 속으로 막대기를 찔러 보니 느낌이 달랐다. 조심스럽게 흙을 파 보니 이상하게 생긴 굉장히 큰 덩어리가 나왔다.

그는 필경 신령님이 아들의 목숨을 구하기 위해 내려 주신 귀한 약재일 것이라고 생각하였다. 반드시 나으리라는 확신과 희망을 가지고 그 덩어리를 잘게 조각내어 물을 붓고 정성껏 달였다. 그 달인 물을 수차례 나누어 아들에게 먹였더니 점차 부기가 빠지고 식욕이 생기며 기력이 회복되어 수일 뒤에는 완전히 회복되었다.

그 뒤 이 덩어리를 신령님이 준 귀한 약재라 하여 '복령'이라 이름지었다고 한다.

영지(불로초, *Ganoderma lucidum*)

영지(靈芝)는 옛날부터 아주 귀한 약으로 칭송되어 왔다. 각종 병마로부터 인간을 구해내며 게다가 먹어도 아무런 부작용이 없다. 그래서 중국에서는 약 중의 약으로 받들어 왔다. 황제의 약이라 하여 서민들은 감히 약명을 부를 수도 없었다. 그런 만큼 신비의 베일 속에 묻혀 있던 것인데 그 약효의 놀랄 만한 위력 때문에 영지를 구하고자 하는 사람들의 욕망도 매우 컸다.

중국에서는 예부터 영지를 신초(神草), 선초(仙草), 불사초(不死草) 등으로 불러 왔으며 길조(吉兆)의 징표 또는 영험(靈驗)이 뚜렷한 신약(神藥)으로서 널리 알려졌다. 그리고 신선이 살고 있는 심산이 아니면 얻을 수 없다고 믿어 왔기 때문에 이것이 한 번 발견되기만 하면 거국적으로 축제를 벌였다고 한다. 『한서』에 따르면 무제 때에는 궁중에 영지가 들어왔기 때문에 천하태평의 징조라 하여 축제를 벌였으며 죄인들에게 대사면을 내렸다는 기록도 있다.

사실상 영지는 늙은 매화나무 10만 그루 가운데 2, 3그루 정도밖에 채취할 수 없다는 희귀품으로 좀처럼 사람 눈에 띄지 않았던 것이다. 게다가 그 약용 효과는 불로장수의 신약이라고 불려질 만큼 놀라운 것이어서 더욱더 신비롭게 여겼다.

명나라의 의학자 이시진(李時珍)은 『본초강목(本草綱目)』에서 "영지에는 적지(赤芝), 청지(靑芝), 황지(黃芝), 백지(白芝), 흑지(黑芝), 자지(紫芝)의 6종이 있으며 그것들은 모두 다 장복하면 몸을 경쾌하게 하여 늙지 않고 수명

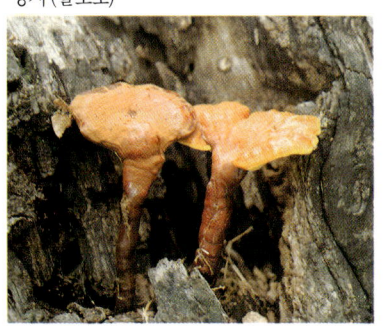

영지(불로초)

을 연장하여 신선에 이르게 한다"고 영지의 약용 효과에 대해 서술하고 있다. 저 유명한 진시황이 신선술사(神仙術師) 노생(盧生)에게 명하여 불로불사의 영약을 찾게 하였다는 애기는 유명한데 그 노생이 멀리 우리나라, 일본까지 찾아 헤맨 것이 바로 이 영지였다.

청나라 말엽부터 중화민국시대에 걸쳐 중국에서는 군벌이 배출되었는데 그 두목들은 대부분 아편을 피우는 자들이었다. 아편의 상습자는 폐인이 되기 마련이지만 그 두목들은 아무런 장애도 일으키지 않았다고 한다. 그들이 영지를 계속 먹어 왔기 때문이다. 또한 중국의 권력자라든지 부호들은 대체로 7, 80대의 고령이 되더라도 다른 사람에 비하여 정정하다. 이것은 그들이 그 권력과 재력을 이용하여 비싼 영지를 장복할 수 있었기 때문이다.

세계 버섯의 3대 진미

세계 3대 진미 중의 하나로 프랑스의 '토류휴(Tuber : 알버섯)'라고 불리는 둥근 모양의 버섯이 있다. 이 버섯은 잘 훈련된 돼지나 개의 코를 사용하여 버섯이 있는 곳을 찾아내 땅속에서 파내는 것으로 집오리의 간인 푸아그라(foa gura)와 함께 프랑스 요리에서는 빼놓을 수 없는 맛있는 음식이다.

한편 활엽수인 모밀잣나무나 떡갈나무에서 발생하는 소혀버섯은 소의 혀 모양과 닮았기 때문에 이름이 붙여졌는데 살은 선홍색이고 쇠고기처럼 하얀 줄(주름)이 있으며 피와 같은 즙을 가지고 있다. 구우면 빨간 액체가 나오는데 마치 쇠고기 스테이크와 같다. 유럽에서는 이것을 날것으로 샐러드를 해 먹거나 버터에 볶아 먹는다. 일본에서는 생선회처럼 겨자 간장에 날것으로 찍어 먹기도 하는 진기한 버섯으로 맛이 좋아 송이나 표고보다 훨씬 인기가 있다. 우리나라에서는 소백산 등에서 발생한다.

세계에서 버섯을 좋아하는 민족들

러시아인과 일본인은 버섯과 산나물을 매우 좋아하는 민족이다. 러시아에서는 버섯 채집의 계절이 되면 역 구내나 보건소, 약국에 독버섯 구별법을 그려 놓은 포스터가 게시되며 약사에게는 독버섯을 구별하는 방법을 교육시키고 있다. 이런 일들을 철저하게 실시하면 어느 정도 버섯 중독을 미연에 방지할 수 있기 때문이다.

바이칼 호수의 남부와 북부 지역은 하루나 연중의 기온 차가 크다. 바이칼 호수 남부의 리스트비양 마을은 자작나무, 시베리아낙엽송, 시베리아소나무 등의 혼효림이 분포되어 있는데 북상함에 따라 혼효림에서 침엽수림으로 식생이 변한다. 그리고 올혼 섬에 가까워짐에 따라 침엽수림에서 초원으로 바뀐다. 올혼 섬의 연간 평균 강수량은 200밀리미터로 우리나라와 비교해서 건조하다고 할 수 있다. 초원에서는 가축이 사육되는데 주름버섯류(*Agaricus*)의 종류가 소의 수보다 많아 그 모습이 우산의 행렬을 방불케 한다. 주름버섯류에 속하는 버섯에는 독 성분을 가진 것이 별로 없어 안심하고 먹을 수 있으며 어린 버섯은 향기가 좋고 맛이 있다.

침엽수만이 자라는 토지보다는 활엽수와 침엽수의 혼효림 쪽이 흙이 비옥하여 버섯 발생이 많은데 바이칼 호수 주변은 이런 조건을 잘 갖추고 있기 때문에 러시아인들이 오랜 옛날부터 버섯을 좋아하게 된 것 같다.

한국의 버섯

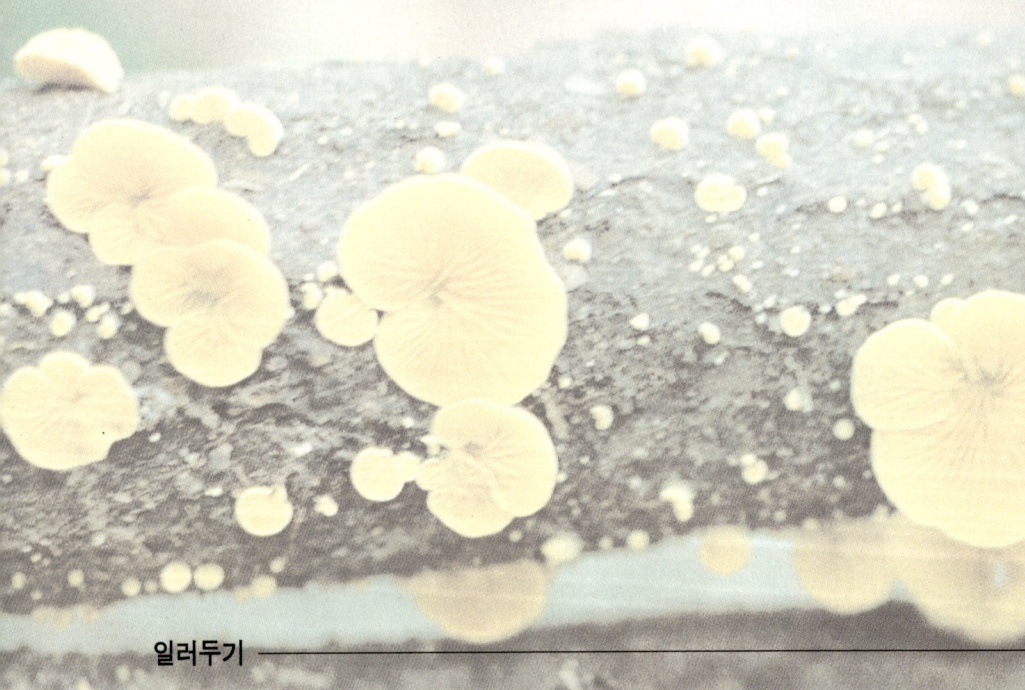

일러두기

1. 이 책에는 백두산, 강원도의 방태산·발왕산, 국립공원인 소백산·속리산·덕유산·
지리산·가야산·내장산·변산반도·월출산·다도해 해상국립공원(금오지구)·한라산
그리고 도립공원인 모악산·선운산·무등산·두륜산에서 자생하는 버섯 85종을 수록
하였다.

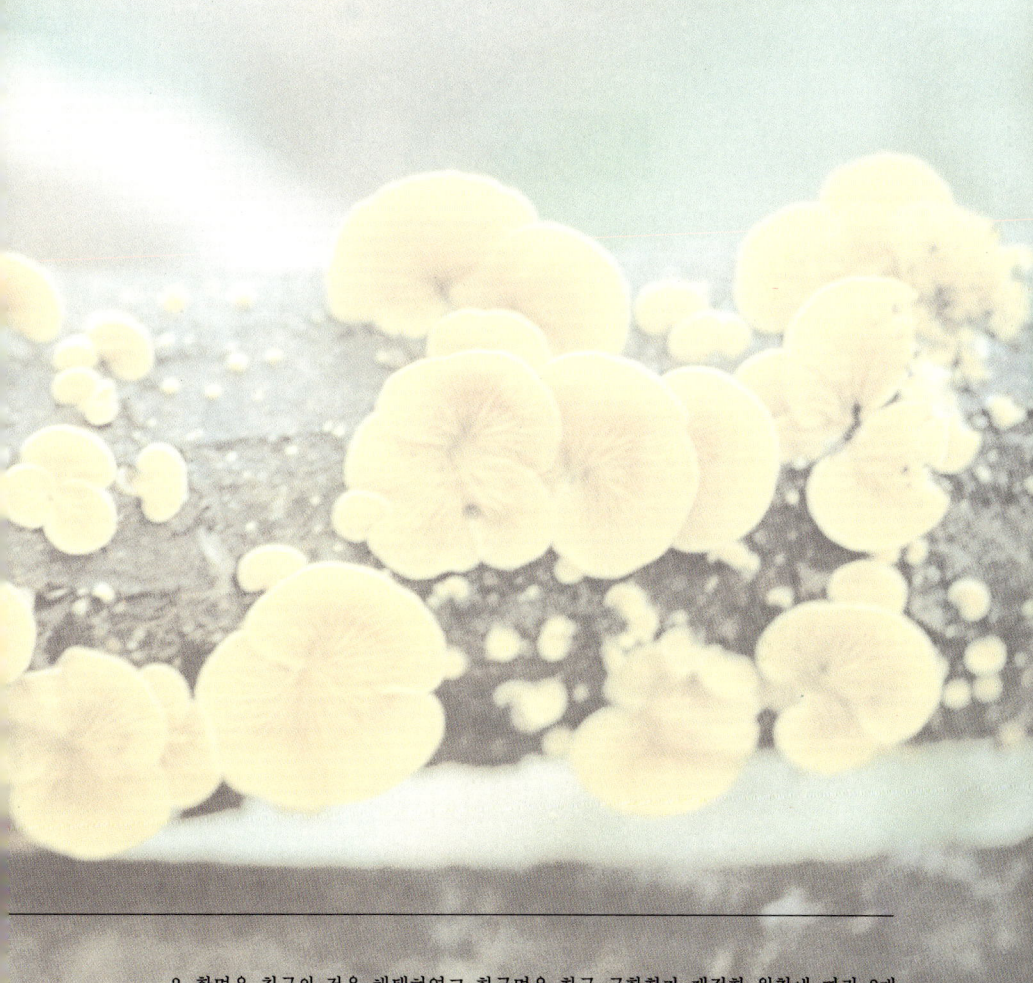

2. 학명은 최근의 것을 채택하였고 한국명은 한국 균학회가 제정한 원칙에 따라 2개 이상의 한국명은 최초로 발표된 것을 준용하였다.

3. 버섯의 설명은 어떤 아문과 과에 속하는가, 식용 여부, 균모(갓), 주름살, 자루(대), 포자, 서식처의 생태적 특성, 분포의 순으로 설명하였다.

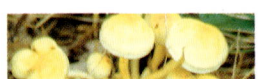

노란다발버섯

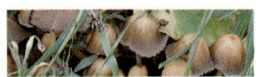

갈색먹물버섯

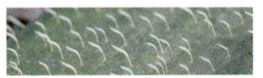

끈적뱅어버섯

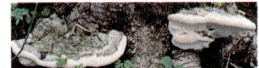

말똥진흙버섯

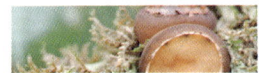

갈색털고무버섯

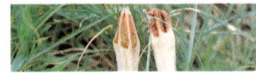

새주둥이버섯

백 두 산

노란다발버섯

Naematoloma fasciculare (Hudson : Fr.) Karst.

담자균류의 독청버섯과에 속하는 독버섯으로 처음에는 전체가 노랑색이어서 아름답다. 균모의 지름은 1 내지 5센티미터로 반구형 또는 둥근 산 모양에서 차차 편평하게 되나 가운데가 뾰족하다. 표면은 물기가 있고 매끄럽다. 연한 황색이고 가운데는 등갈색이며 가장자리에는 내피막의 파편이 거미집 모양으로 부착하였다가 오래되면 없어진다. 살은 황색이고 쓴맛이 있다. 주름살은 홈파진 또는 올린주름살이고 유황색에서 올리브녹색을 거쳐 암자갈색으로 되며 밀생한다. 자루의 길이는 2 내지 12센티미터이고 굵기는 2 내지 7밀리미터로 균모와 같은 색이며 거미집 모양의 턱받이가 있으나 곧 없어진다.

포자의 크기는 6 내지 7.5마이크로미터, 폭은 3.5 내지 4.5마이크로미터로 타원형이고 끝에 발아공이 있다. 1년 내내 수목, 대나무의 그루터기 등에 뭉쳐 난다.

우리나라의 백두산, 가야산, 지리산, 발왕산, 변산반도 등에서 자생하며 전세계적으로 분포하는 버섯이다.

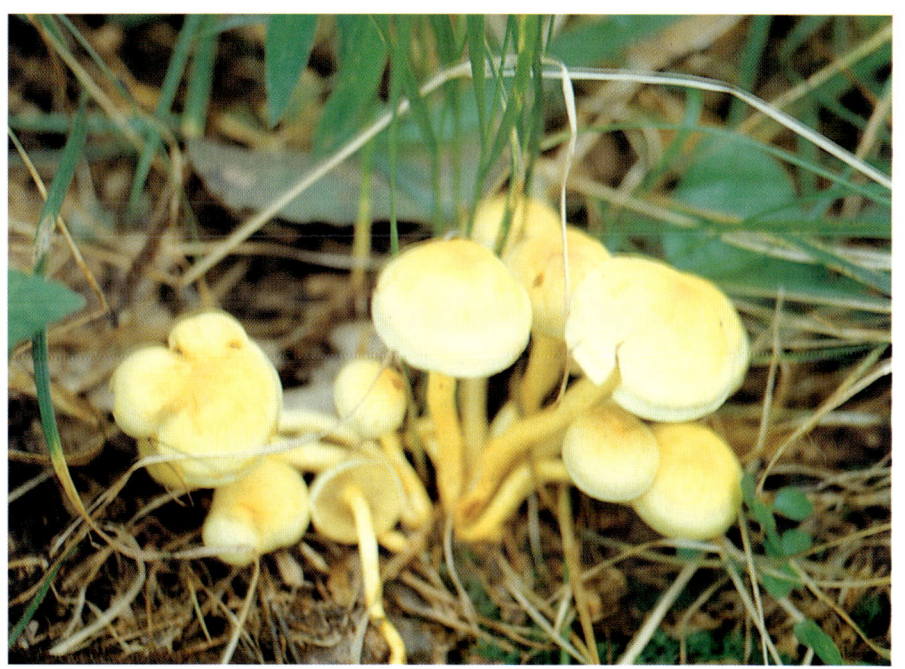

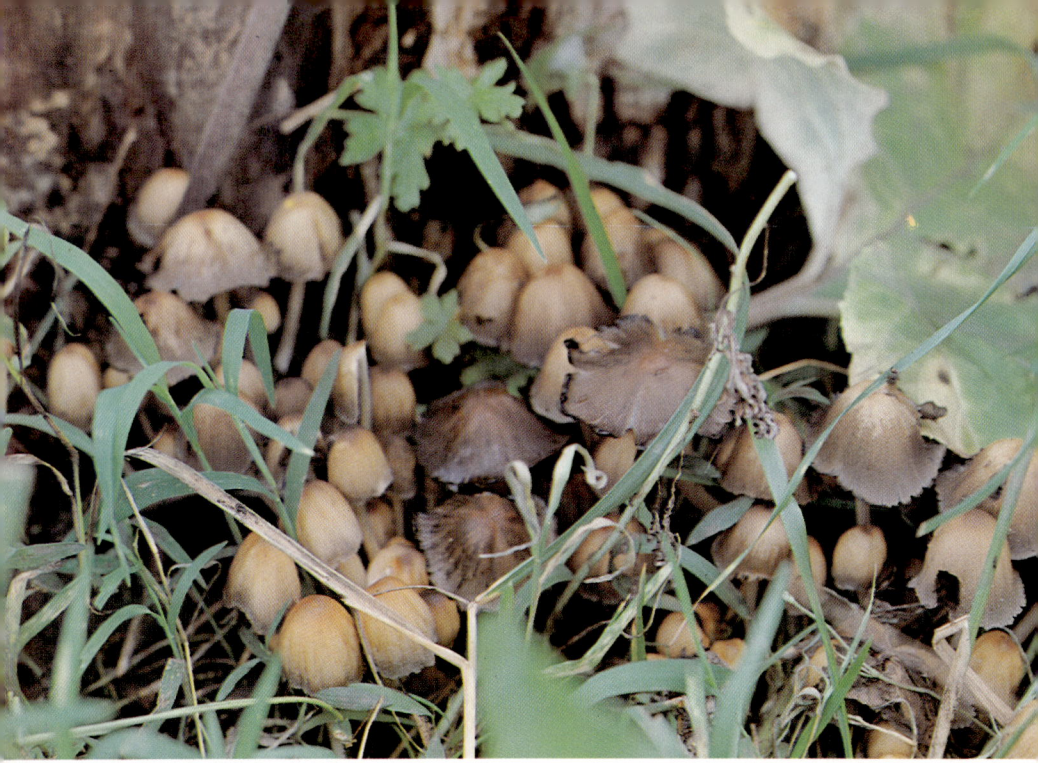

갈색먹물버섯

Coprinus micaceus (Bull. : Fr.) Fr.

담자균류의 먹물버섯과에 속하며 어릴 때는 먹을 수 있다. 성숙하면 먹물처럼 녹아내리는 것이 특징이다.

균모의 지름은 1 내지 4센티미터로 알 모양에서 종 모양 또는 원추형으로 되며 펴지면 가장자리는 위로 말린다. 연한 황갈색이고 가는 운모상의 가루로 덮었으나 나중에 떨어져서 매끄러워진다. 가장자리에 부챗살 모양의 줄무늬 홈선이 있다. 주름살은 밀생하고 올린주름살이며 백색에서 흑색이 되어 녹아버린다. 자루의 길이는 3 내지 8센티미터이고 굵기는 2 내지 4밀리미터로 백색이며 속은 비어 있다.

포자의 크기는 7 내지 10마이크로미터, 폭은 4.5 내지 6마이크로미터로 타원형이며 발아공이 있다. 여름에서 가을 사이에 활엽수의 그루터기나 땅에 묻힌 나무에 무리지거나 또는 뭉쳐서 나는 목재부후균이다.

우리나라에서는 백두산, 지리산, 방태산, 소백산, 내장산 등에서 주로 자생하며 유럽, 북아메리카 등 거의 전세계에 분포한다.

끈적뱅어버섯

Multiclavula mucida (Pers. : Fr.) Petersen

담자균류의 국수버섯과에 속하며 식독 불명 버섯이다.

버섯의 높이는 0.3 내지 1.5, 폭은 0.1센티미터로 섬세하고 대부분이 1개로 된 것이 많으나 때로는 2 내지 6개의 선상의 가지를 가지며 끝은 갈라지거나 닭의 볏 모양이다. 속이 차 있으며 끝은 둔한 막대기 모양이거나 원통상의 방추형이며 백색, 황색, 분홍색 등으로 끝은 벽돌색, 갈색 또는 흑색이다. 가늘기는 하지만 강인하여 구부러지거나 꺾어지지 않는다.

포자의 크기는 4.5 내지 7.5마이크로미터, 폭은 2 내지 3마이크로미터이고 무색의 타원형 또는 원통상의 타원형으로 표면은 매끄럽다. 여름에서 가을 사이에 숲 속의 썩은 나무 위나 단세포 녹조류 곁에 무리지어 난다.

우리나라에서는 백두산, 지리산 등에서 주로 자생하며 세계적으로는 일본, 시베리아, 유럽, 북아메리카, 오스트레일리아 등 거의 전세계에 분포한다.

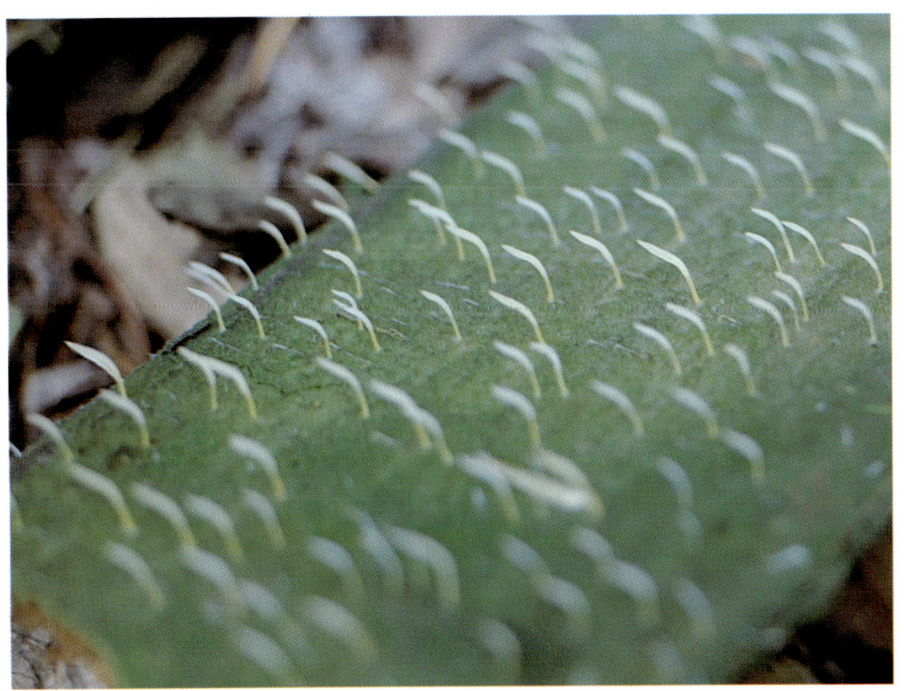

말똥진흙버섯

Phellinus igniarius (L. : Fr.) Quél.

담자균류의 진흙버섯과에 속하며 중국에서는 상환버섯이라고도 한다. 항암 효과가 뛰어난 것으로 알려져 있다.

균모의 지름은 10 내지 25센티미터이나 어떤 것은 50센티미터가 넘는 것도 있다. 말굽형 또는 둥근 산 모양으로 표면은 회갈색, 회흑색, 흑색이며 고리홈과 세로·가로로 균열이 있다. 살은 암갈색의 나무질이며 검게 탄화하여 각피가 있는 것처럼 보인다. 하면은 갈색이고 관은 다층인데 각층은 1 내지 5밀리미터 두께이며 오래된 관은 백색의 2차 균사로 메워져 있다. 구멍은 가늘고 1밀리미터 사이에 4 내지 5개가 있다.

포자의 크기는 5 내지 6마이크로미터, 폭은 4 내지 5마이크로미터로 아구형이며 표면은 매끄럽고 무색이다. 1년 내내 발생하는 다년생 버섯으로 활엽수의 고목 줄기에 나고 백색부후를 일으킨다.

우리나라의 백두산 등 전세계에 분포한다.

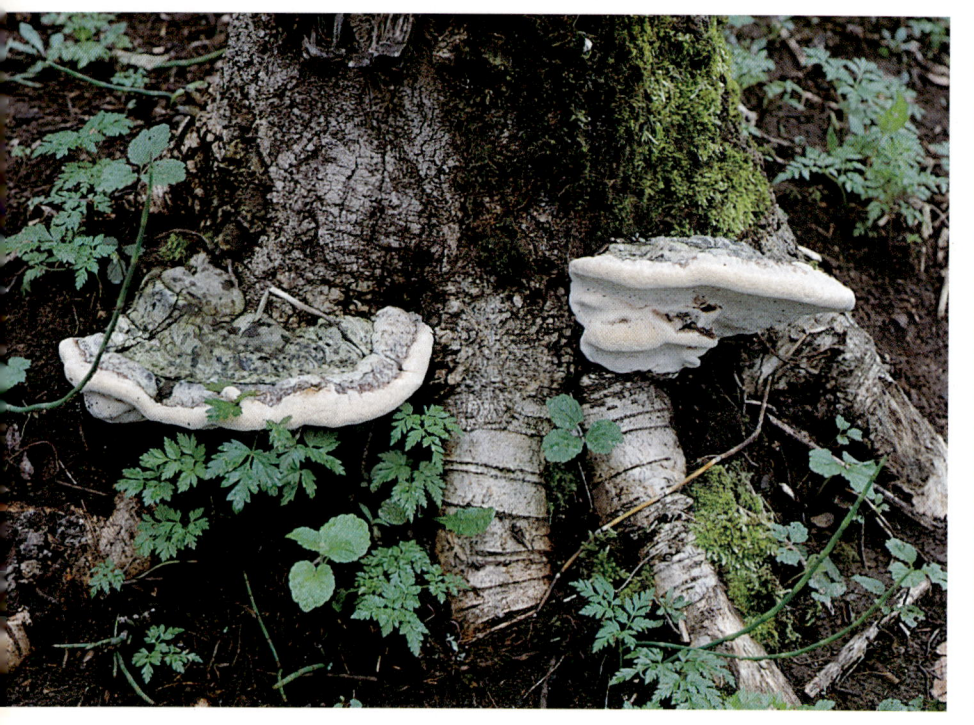

갈색털고무버섯

Galiella celebica (P. Henn.) Nannf.

자낭균류의 털고무버섯과에 속하는 것으로 먹을 수는 없다.

버섯의 크기는 지름이 4 내지 7센티미터, 높이는 3 내지 4센티미터로 처음에는 구형이 다가 반구형 또는 거꾸로 된 원추형으로 된다. 자루가 거의 없고 흑갈색이며 고무와 같 은 탄력이 있다. 상면의 자실층은 처음에는 주발 모양이나 나중에 편평한 접시 모양으 로 되는데 접시의 가장자리와 바깥쪽은 짧은 털로 덮여 있고 흑갈색이며, 내부의 살은 두꺼우며 우무질이다.

포자의 크기는 25 내지 30마이크로미터, 폭은 12 내지 13마이크로미터이고 타원형이다.

여름과 가을 사이에 숲 속의 썩은 재목 위에 무리지어 나는 목재부후균이다.

우리나라에서는 백두산, 내장산(백양사) 등에서 자생하며 세계적으로는 일본, 유럽 등에 분 포한다.

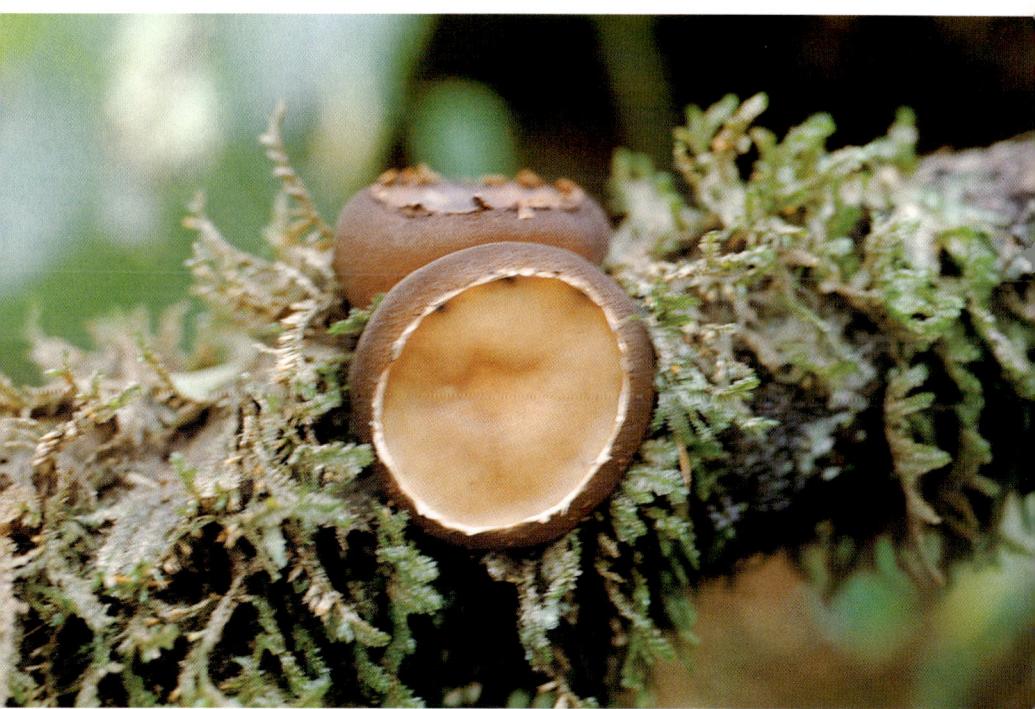

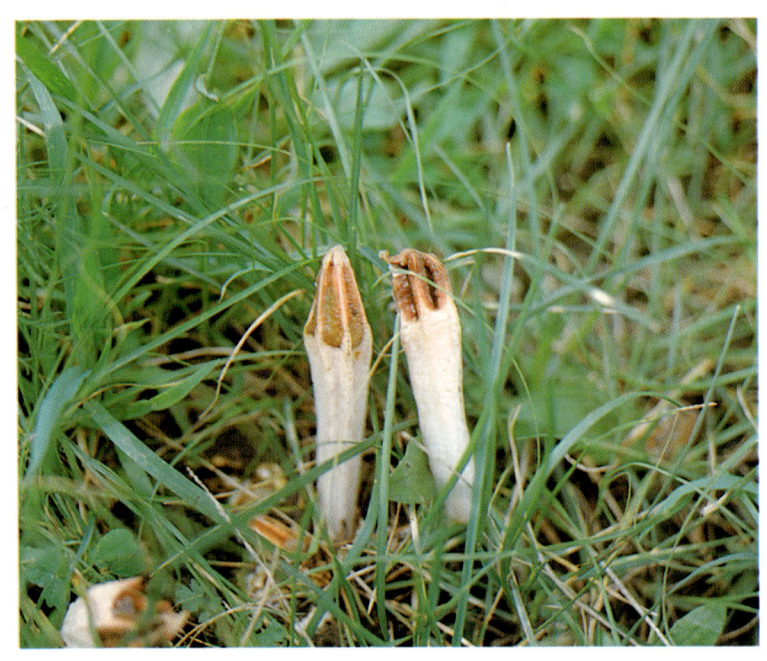

새주둥이버섯

Lysurus mokusin (L. : Pers.) Fr.

담자균류의 바구니버섯과에 속하는 것으로 먹을 수는 없다.

버섯의 높이는 5 내지 12센티미터, 굵기는 1 내지 1.5센티미터 정도로 성숙한 자실체는 4 내지 6각주상이고 단면은 별 모양의 연한 크림색이다. 위의 끝은 자루의 능선과 같은 수(數)만큼의 팔이 각 모양으로 갈라지나, 그 팔은 안쪽에서 서로 밀착하고 끝은 유착한다. 팔의 내면은 홍색이며 그곳에 암갈색인 점액상의 기본체가 붙는다.

포자의 크기는 4 내지 4.5마이크로미터, 폭은 1.5 내지 2마이크로미터로 방추형이고 한쪽 끝이 조금 가늘며 연한 올리브색이다. 초여름에서 가을 사이에 숲 속, 풀밭, 뜰 안의 흙에서 무리지어 나는데 특히 불탄 자리에 많이 난다. 팔 내면의 점액에 포자가 섞여 있어서 이것이 곤충의 몸 등에 붙어서 포자를 분산하여 자기 종족을 퍼뜨리고 보존하는 역할을 한다.

우리나라에서는 백두산, 무등산, 모악산 등에서 자생하며 세계적으로는 일본, 중국, 대만, 오스트레일리아 등에 분포한다.

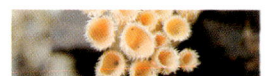

털작은입술잔버섯

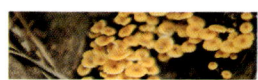

이끼살이버섯

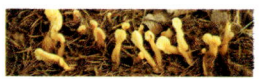

넓적콩나물버섯

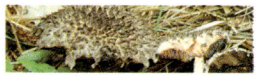

솔방울귀신그물버섯

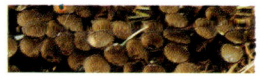

주름찻잔버섯

방
태
산

털작은입술잔버섯

Microstoma floccosa (Schw.) Rait.

자낭균류의 술잔버섯과에 속하며 먹을 수는 없다.

버섯의 지름은 0.5 내지 1센티미터, 높이는 1센티미터 정도로 컵 모양이며 외부 표면은 백색의 털이 있고 내부 표면은 진한 홍색이다. 자루의 길이는 3 내지 5센티미터이고 굵기는 1.5 내지 5밀리미터로 희고 가늘며 털이 많이 나 있다.

포자의 크기는 20 내지 35마이크로미터, 폭은 15 내지 17마이크로미터로 타원형이며 끝이 가늘고 매끄럽다. 여름에서 가을 사이에 땅에 묻힌 낙엽활엽수의 나무 또는 고목의 이끼류 사이에 무리지어 나는 목재부후균이다.

우리나라에서는 방태산, 내장산, 만덕산 등에서 자생하며 세계적으로는 미국의 동남부에 분포한다.

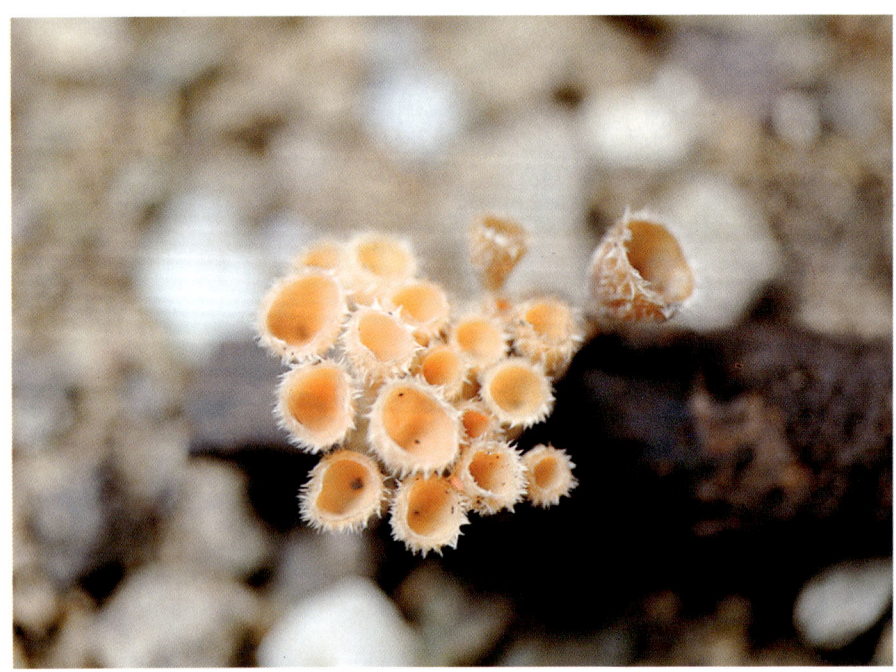

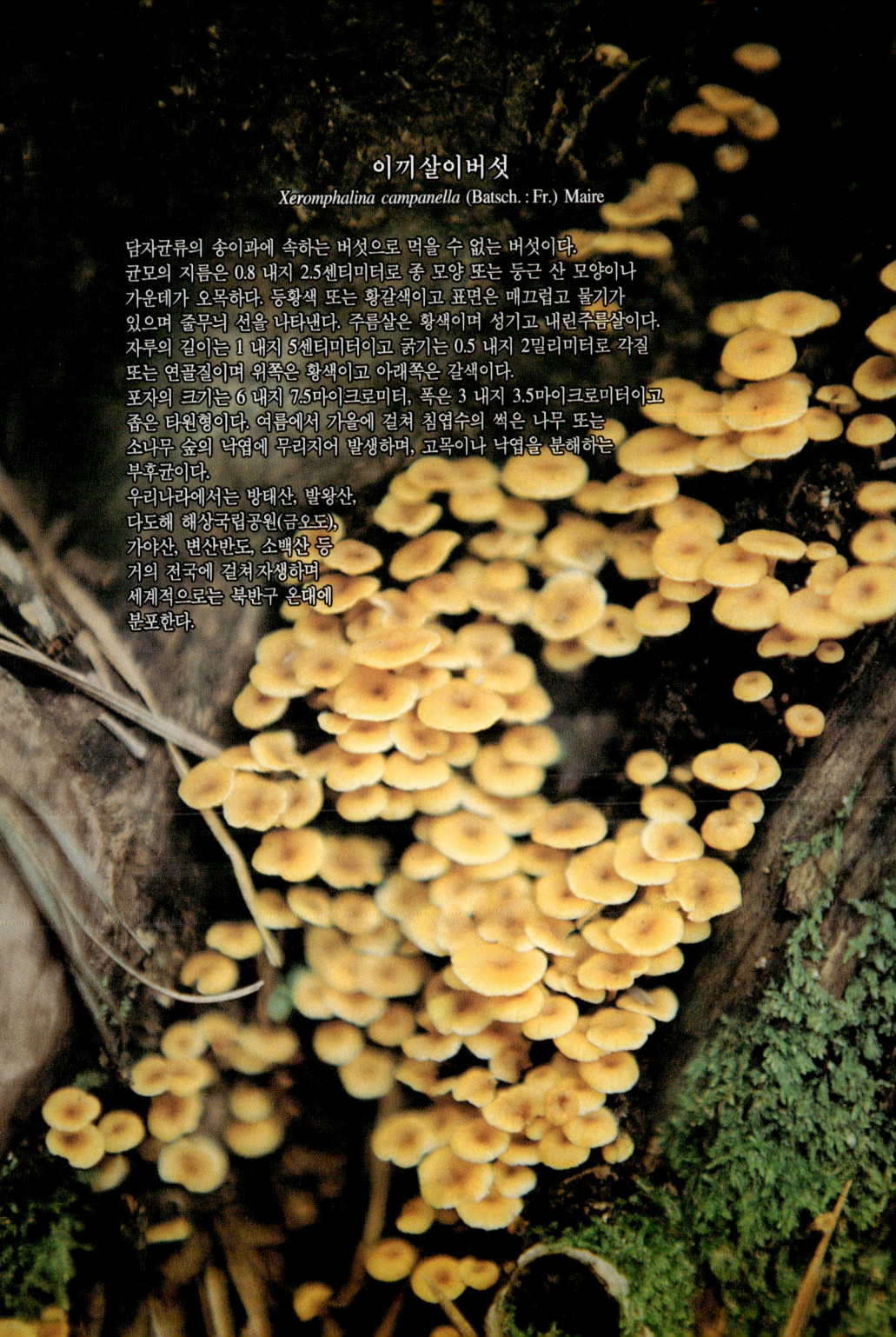

이끼살이버섯
Xeromphalina campanella (Batsch. : Fr.) Maire

담자균류의 송이과에 속하는 버섯으로 먹을 수 없는 버섯이다.
균모의 지름은 0.8 내지 2.5센티미터로 종 모양 또는 둥근 산 모양이나
가운데가 오목하다. 등황색 또는 황갈색이고 표면은 매끄럽고 물기가
있으며 줄무늬 선을 나타낸다. 주름살은 황색이며 성기고 내린주름살이다.
자루의 길이는 1 내지 5센티미터이고 굵기는 0.5 내지 2밀리미터로 각질
또는 연골질이며 위쪽은 황색이고 아래쪽은 갈색이다.
포자의 크기는 6 내지 7.5마이크로미터, 폭은 3 내지 3.5마이크로미터이고
좁은 타원형이다. 여름에서 가을에 걸쳐 침엽수의 썩은 나무 또는
소나무 숲의 낙엽에 무리지어 발생하며, 고목이나 낙엽을 분해하는
부후균이다.
우리나라에서는 방태산, 발왕산,
다도해 해상국립공원(금오도),
가야산, 변산반도, 소백산 등
거의 전국에 걸쳐 자생하며
세계적으로는 북반구 온대에
분포한다.

넓적콩나물버섯

Spathularia clavata Pers. : Fr.

자낭균류의 콩나물버섯과에 속하는 것으로 먹을 수는 없다.

자실체는 높이 3 내지 5센티미터로 주걱 모양 또는 나뭇잎 모양의 머리 부분과 원주상이고 하부가 부푼 자루로 되어 있으며, 자루의 상부는 머리 부분의 속까지 파고들어 주축을 이루고 있다. 전체가 연한 육질로 연한 황색 또는 크림색이며 자실층은 머리 부분

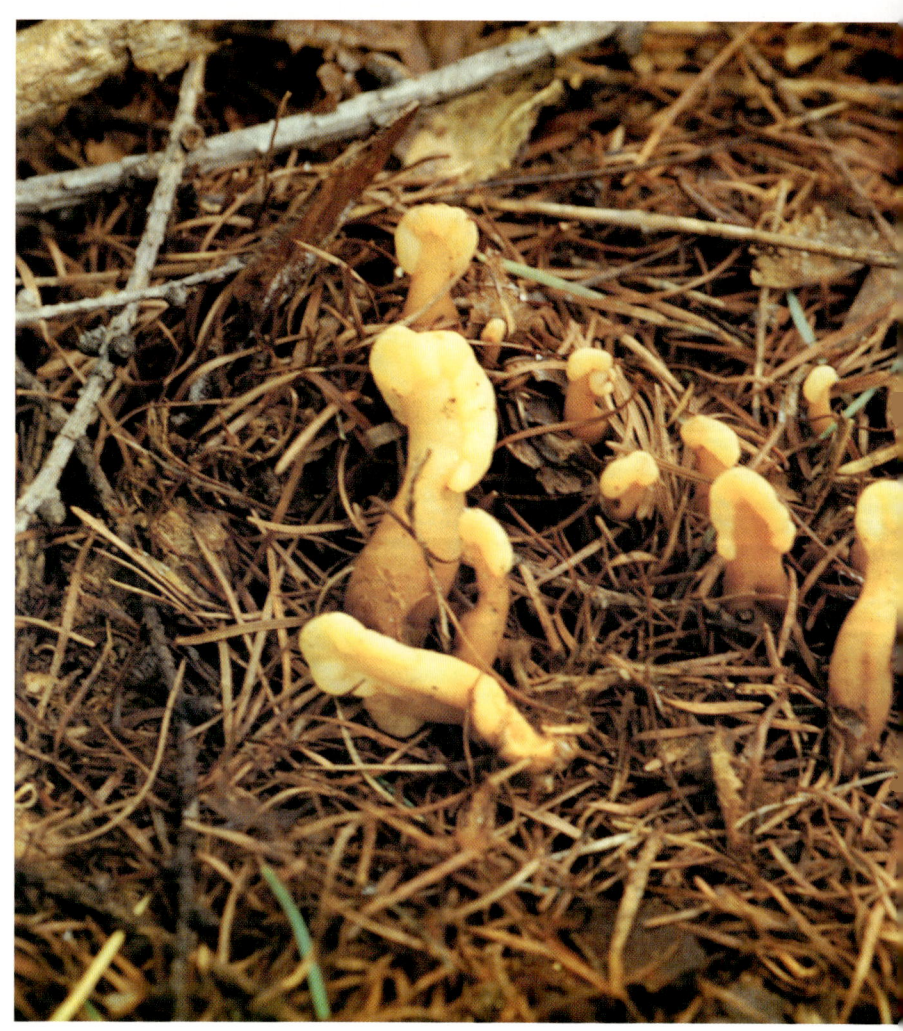

의 표면에 발달하였다.

포자의 크기는 50 내지 75마이크로미터, 폭은 2.5 내지 3마이크로미터로 가늘고 긴 필라
멘트형이다. 무색이고 다발로 되어 있으며, 자낭 속에는 포자가 8개 들어 있다. 여름과
가을 사이에 침엽수림 속, 특히 잣나무의 낙엽에 속생 또는 군생하는 낙엽 분해균이다.
우리나라의 가야산, 백두산, 방태산 등에서 자생하며 전세계에 분포한다.

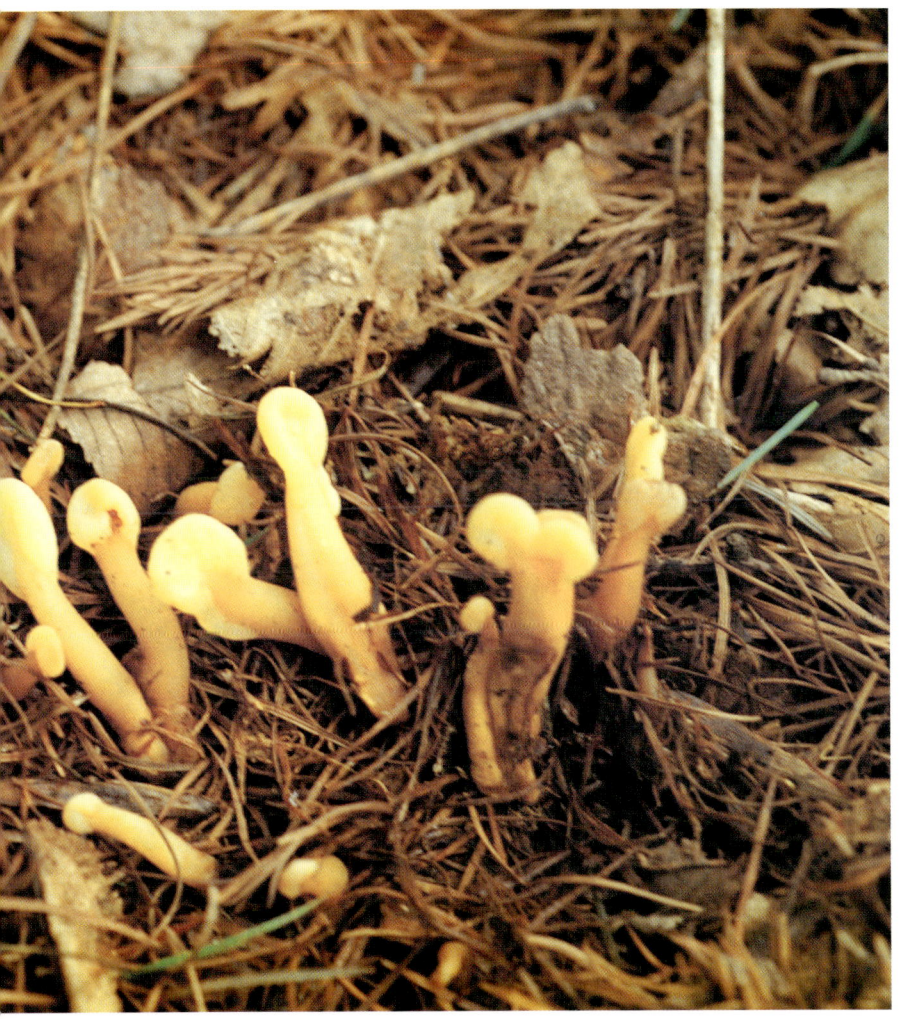

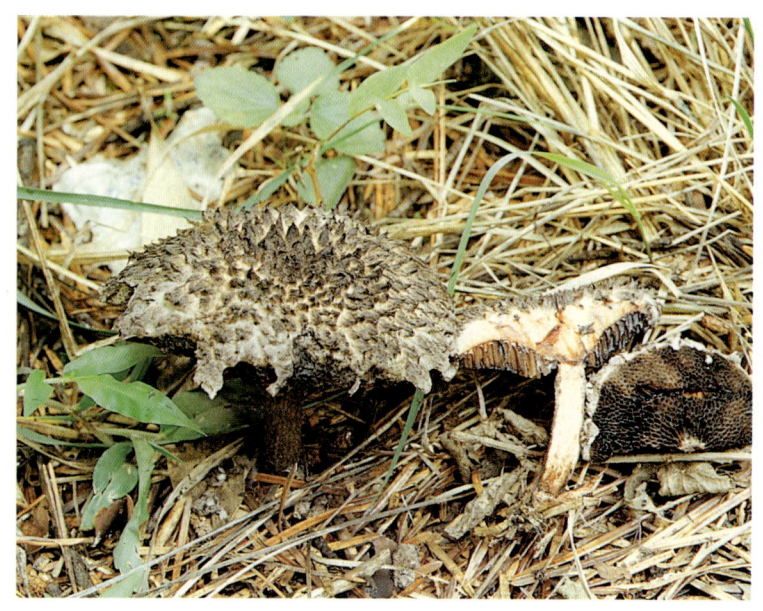

솔방울귀신그물버섯

Strobilomyces confusus Sing.

담자균류의 귀신그물버섯과에 속하는 것으로 먹을 수는 없다.

균모는 지름 3 내지 10센티미터로 둥근 산 모양이며 표면은 회갈색 또는 암회색, 흑색의 단단한 섬유질로 된 뿔 모양 또는 가시 모양의 인편으로 덮여 있다. 살은 희고 상처를 입으면 적갈색으로 되었다가 흑색으로 변한다. 관공은 바른 또는 홈파진관공이며 회백색에서 흑색으로 변하며, 구멍은 다각형인데 관과 같은 색이다. 자루의 길이는 5 내지 10센티미터이고 굵기는 5 내지 15밀리미터로 단단하고 표면은 암회색이며 상부에 그물눈이 있고 하부는 흑색인데 인편 또는 솜털 같은 것이 있다.

포자의 크기는 9 내지 11.5마이크로미터, 폭은 8.5 내지 11마이크로미터로 흑색의 아구형이며 표면은 사마귀 또는 가시 돌기 및 맥상 융기로 덮여 있다. 여름과 가을 사이에 활엽수와 침엽수림의 흙이나 비탈진 곳에 홀로 또는 무리지어 난다.

우리나라에서는 지리산, 두륜산, 변산반도, 속리산 등에서 자생하며 세계적으로는 일본, 중국, 북아메리카에 분포한다.

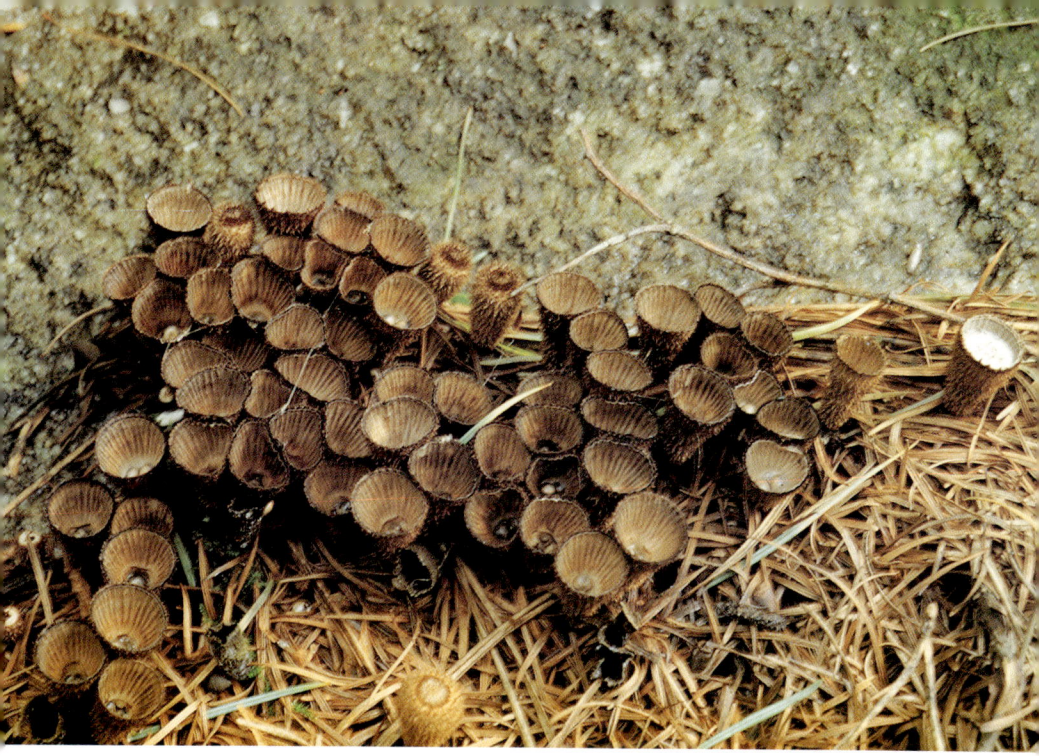

주름찻잔버섯

Cyathus striatus Willd. : Pers.

담자균류의 찻잔버섯과에 속하며 먹을 수 없다.

버섯의 지름은 6 내지 8밀리미터이고 높이는 8 내지 13밀리미터로 거꾸로 된 원추형이고 컵 모양이다. 외면은 거칠고 털 조각으로 덮여 있으며 갈색 또는 어두운 갈색이다. 내면은 회색 또는 회갈색으로 반짝이며 세로로 달리는 뚜렷한 줄이 있다. 컵의 입은 흰 막으로 덮여 있으나 곧 터져 없어진다. 바둑돌 모양을 한 작은 알맹이의 지름은 1.5 내지 2밀리미터이고 하면의 중앙에 붙은 가는 끈은 외피 밑바닥과 연결된다. 이것이 흑회색에서 흑갈색으로 되고 단단한 껍질로 싸이면 내부에 자실층이 발달하여 포자를 만들게 된다.

포자의 크기는 16 내지 20마이크로미터, 폭은 8 내지 9마이크로미터로 무색의 긴 타원형이며 막이 두껍다. 여름에서 가을 사이에 썩은 나뭇가지, 소똥, 잣나무 등의 낙엽이 많은 곳에 무리지어 나는 부후균이다.

우리나라에서는 한라산, 속리산, 방태산, 백두산, 소백산 등 거의 전국에서 자생하며 일본, 남북아메리카, 아프리카, 북반구 일대 등 거의 전세계에 분포하는 버섯이다.

발

왕

산

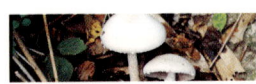

흰주름버섯

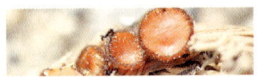

접시버섯

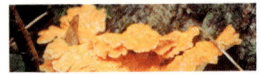

붉은덕다리버섯

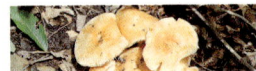

밀짚색무당버섯

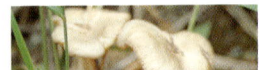

넓은솔버섯

흰주름버섯

Agaricus arvensis Schaeff. : Fr.

담자균류의 주름버섯과에 속하며 먹을 수 있고 인공 재배도 가능한 버섯이다.

균모의 지름은 8 내지 20센티미터로 둥근 산 모양에서 차차 편평하게 된다. 표면은 매끄럽고 크림 백색 또는 연한 황색이며, 가장자리에는 턱받이의 파편이 붙어 있다. 살은 백색에서 황색으로 된다. 주름살은 떨어진주름살이고 백색에서 회홍색을 거쳐 흑갈색으로 변하며 밀생한다. 자루의 높이는 5 내지 20센티미터이고 굵기는 1 내지 3센티미터로 속이 비었다. 근부는 부풀어 있으며 표면은 크림 백색이나 만지면 황색으로 변한다. 턱받이는 백색의 막질이고 아랫면에 조각조각의 쪼개진 부속물이 있다.

포자의 크기는 7.5 내지 10마이크로미터, 폭은 4.5 내지 5마이크로미터로 타원형이고 포자문은 자갈색이다. 여름부터 가을 사이에 풀밭, 대나무밭, 숲 등의 땅 위에 홀로 난다.

우리나라에서는 백두산, 주왕산, 지리산, 다도해 해상국립공원(금오도), 발왕산 등 전국에서 자생하며 세계적으로 널리 분포하는 버섯이다.

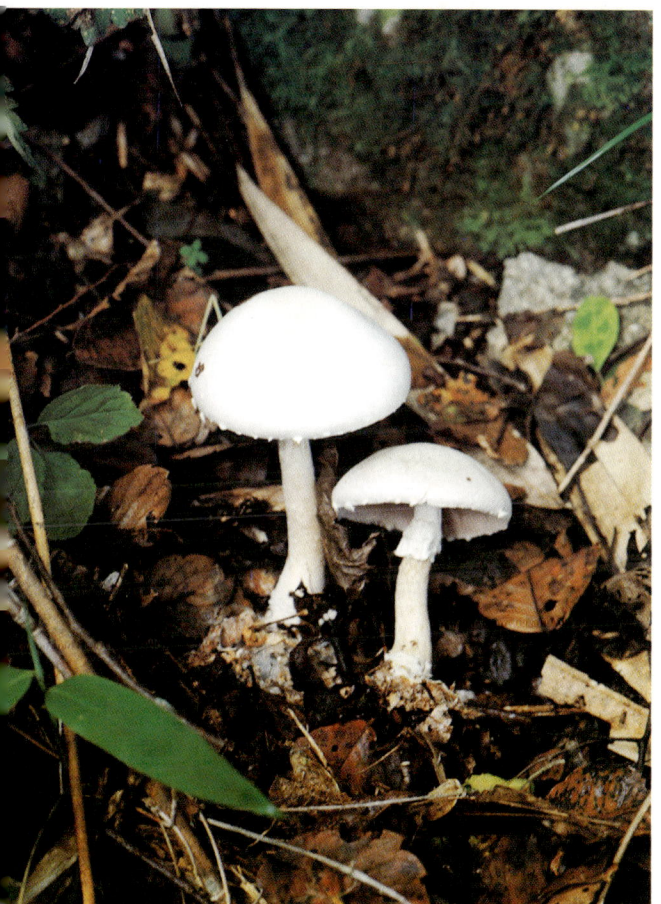

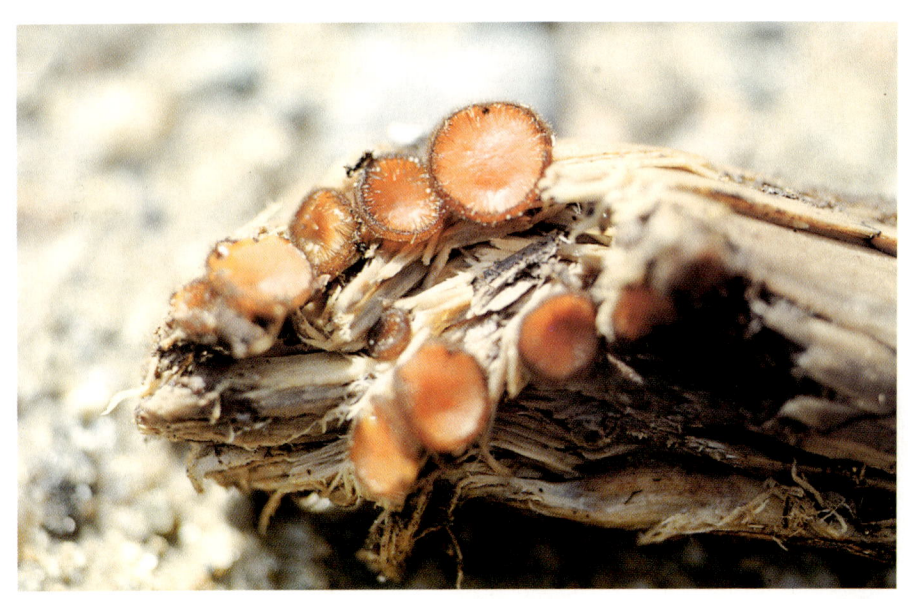

접시버섯

Scutellinia scutellata (L. : St. Amans) Lamb.

자낭균류의 접시버섯과에 속하며 먹을 수 없다.

자실체는 지름 0.5 내지 1센티미터의 작은 접시 모양이며 접시의 내면은 밝은 주홍색이고 가장자리에는 검은 눈썹 같은 뻣뻣한 털이 나 있다. 이 털은 어두운 갈색으로 막이 두껍고 5 내지 6개의 세포로 되어 있으며 끝이 뾰족하고 길이는 약 1밀리미터이다.

포자의 크기는 20 내지 24마이크로미터, 폭은 12 내지 15마이크로미터로 무색의 타원형이고 사마귀 같은 것이 있으며 기름 방울을 1 내지 3개 가진 것도 있다. 여름부터 가을 사이에 썩은 나무 위에 무리지어 나는 목재부후균이다.

우리나라에서는 백두산, 지리산, 발왕산, 주왕산 등에서 자생하며 전세계에 분포하는 버섯이다.

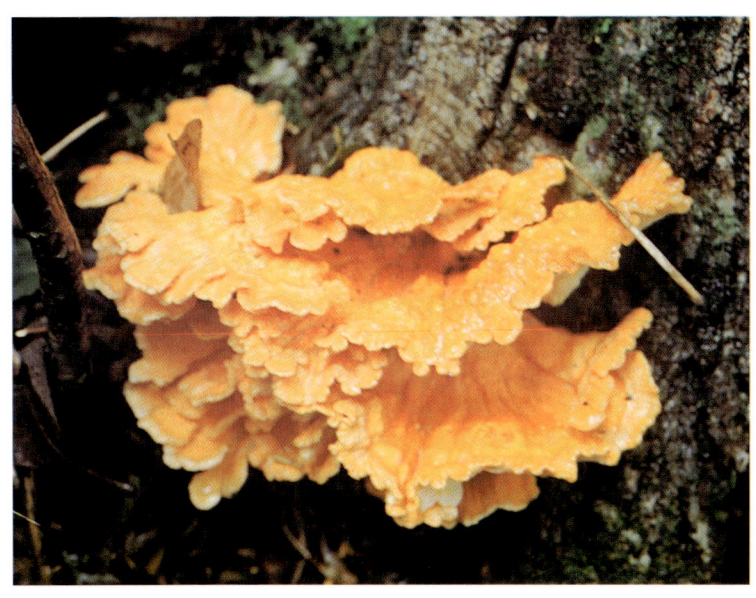

붉은덕다리버섯

Laetiporus sulphureus var. *miniatus* (Jungh.) Imaz.

담자균류의 구멍장이버섯과에 속하는 것으로 어릴 때는 먹을 수 있다.
균모의 지름은 5 내지 20센티미터이고 두께는 1내지 2.5센티미터로 부채 모양 또는 반
원형이다. 선주색 또는 주황색이고 마르면 백색이 된다. 살은 연한 연어 살색의 육질로
단단하나 부서지기 쉽다. 관공의 관 깊이는 2 내지 10밀리미터이고 구멍은 부정형으로
1밀리미터 사이에 2 내지 4개가 있다.
포자의 크기는 6마이크로미터, 폭은 4 내지 5마이크로미터로 타원형이고 포자문은 크림
백색이며 비아미로이드 반응을 나타낸다. 1년 내내 침엽수의 고목이나 산나무 또는 그
루터기에 중첩하여 발생하는데 큰 균모가 한 곳의 부착점에 여러 개 중첩하여 전체가
30 내지 40센티미터 이상되는 것도 있다. 목재를 썩히는 갈색부후균이다.
우리나라에서는 백두산, 월출산, 지리산, 발왕산 등에서 자생하며 세계적으로는 일본, 아
시아의 열대 지방에 분포한다.

밀짚색무당버섯

Russula laurocerasi Melzer

담자균류의 무당버섯과에 속하며 먹을 수 없고 쓴맛과 불쾌한 냄새가 난다.
균모는 지름 5 내지 9센티미터로 반구형에서 둥근 산 모양을 거쳐 편평하게 되나 가운데가 오목해진다. 표면은 습하면 끈적기가 있고 갈황토색 또는 황토색을 띤다. 가장자리에는 알맹이 모양의 선이 있고 살은 백색이다. 주름살은 처음에는 백색이었다가 갈색 얼룩이 생기고 물방울을 분비한다. 자루는 길이 3 내지 9센티미터이고 굵기는 1 내지 1.5센티미터로 상하 크기가 같으며 백색에서 황갈색으로 되고 속은 비어 있다.
포자의 크기는 10.5 내지 12.5마이크로미터, 폭은 9.5 내지 10.5마이크로미터(융기부 포함)로 아구형이고 큰 가시와 날개 모양의 융기가 있다. 여름과 가을 사이에 활엽수림 속의 흙에 홀로 또는 무리지어 나며 균근을 형성하여 식물과 공생한다.
우리나라에서는 백두산, 주왕산, 가야산, 발왕산, 속리산, 두륜산, 변산반도, 방태산, 다도해 해상국립공원(금오도) 등 거의 전국에 걸쳐 자생하며 세계적으로는 일본, 유럽, 북아메리카에 분포한다.

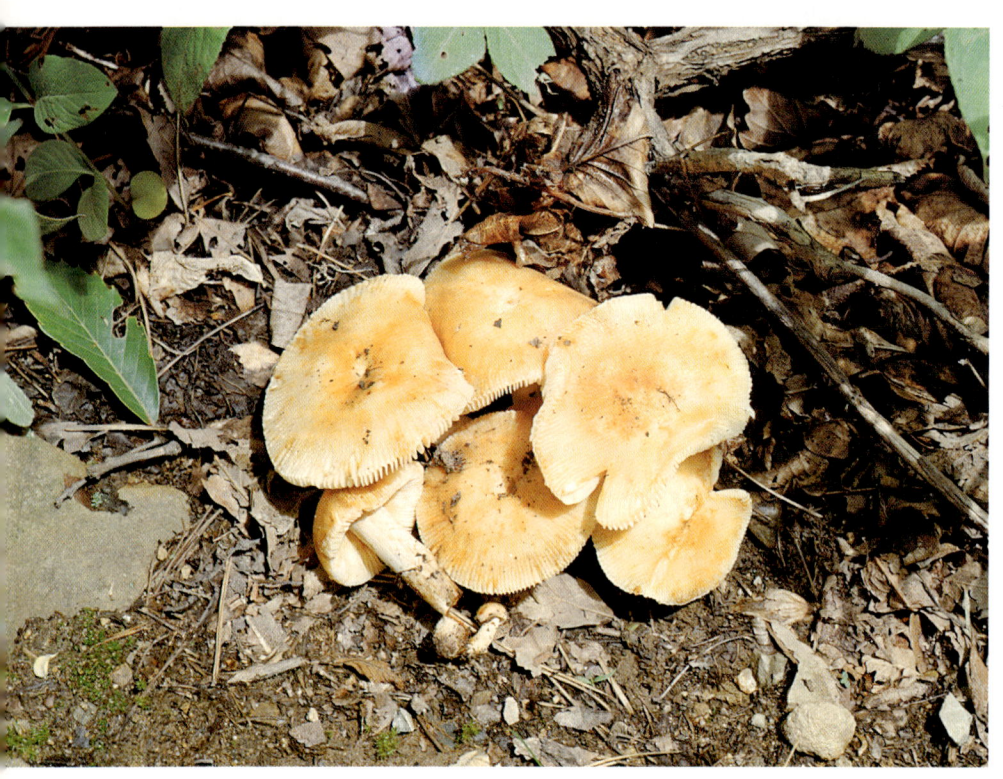

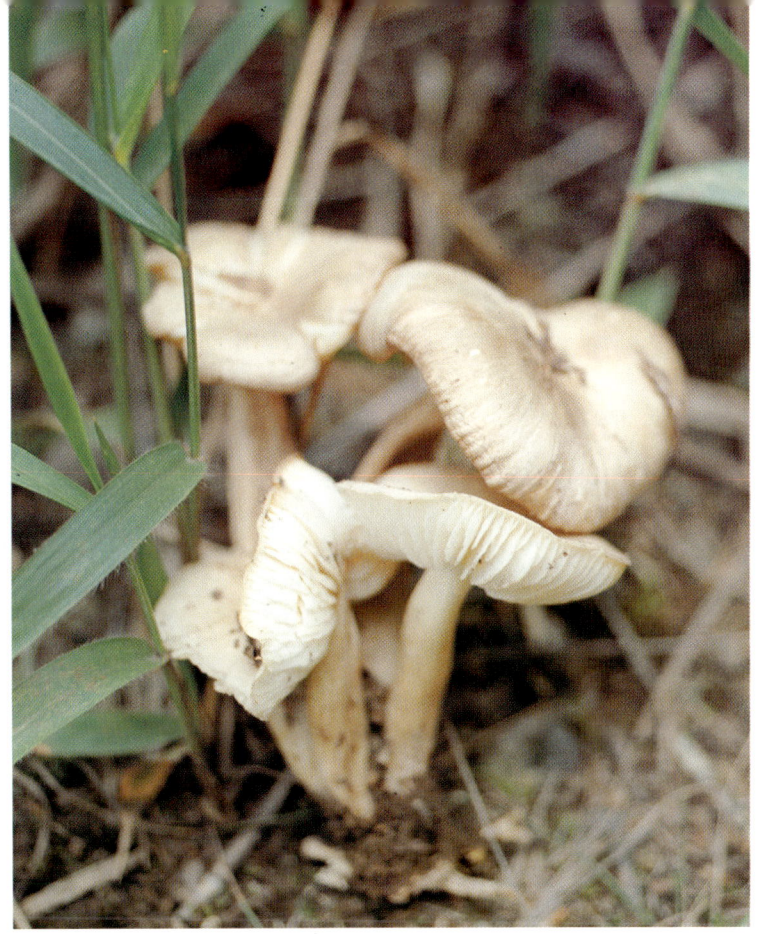

넓은솔버섯

Oudemansiella platyphylla (Pers. : Fr.) Moser

담자균류의 송이과에 속하며 먹을 수 있는 버섯이다.

균모의 지름은 5 내지 15센티미터이며 반구형 또는 둥근 산 모양에서 차차 편평하게 되나 가운데는 조금 오목하다. 회색, 회갈색 또는 흑갈색인데, 표면은 부챗살 모양의 섬유 무늬를 나타낸다. 주름살은 백색 또는 회갈색의 홈파진주름살이며 성기다. 자루의 길이는 7 내지 12센티미터이고 굵기는 1 내지 2센티미터로 단단하며 백색 또는 회색의 섬유상이다. 위쪽은 가루가 있고 밑은 백색이며 실 모양 또는 끈 모양의 균사 다발이 있다. 포자의 크기는 7 내지 10마이크로미터, 폭은 5.5 내지 7.5마이크로미터로 넓은 타원형이고 무색이다. 여름에서 가을 사이에 활엽수의 부식토 위나 그 부근에 홀로 또는 무리지어 나서 목재를 썩히기도 한다.

우리나라에서는 백두산, 월출산, 가야산, 지리산, 다도해 해상국립공원(금오도), 두륜산, 방태산 등 전국에 걸쳐 자생하며 세계적으로 일본, 중국, 유럽, 북반구 온대 이북에 분포한다.

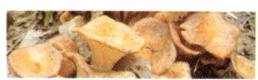

나팔버섯

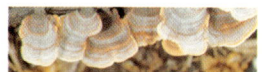

갈색꽃구름버섯

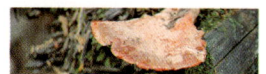

소혀버섯

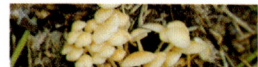

애기버섯

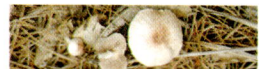

주름버섯

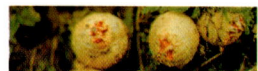

연지버섯

소

백

산

나팔버섯

Gomphus floccosus (Schw.) Sing.

담자균류의 나팔버섯과에 속하며 먹을 수 있는 버섯이다.

균모의 지름은 4 내지 12센티미터로 어릴 때는 뿔피리 모양이나 나중에 균모가 자라면 깊은 깔대기 모양 또는 나팔 모양으로 된다. 가운데는 근부까지 오목하다. 표면은 황토 색이며 바탕에 적홍색 반점이 있고 위로 말린다. 큰 인편이 있으며 살은 백색이다. 자실 층은 황백색 또는 크림색이며 세로로 된 내린주름살이다. 자루의 길이는 10 내지 20센 티미터이고 상부는 굵고 하부는 가늘며 적색이고 속은 비어 있다.

포자의 크기는 12 내지 16마이크로미터, 폭은 6 내지 7.5마이크로미터로 무색의 타원형 이고 표면은 거칠다. 포자문은 크림색이다. 여름에서 가을 사이에 침엽수림 또는 혼효림 의 흙에 홀로 또는 무리지어 자생한다.

우리나라에서는 지리산, 소백산, 무등산 등에서 자생하며 세계적으로는 일본, 동북 아시 아, 북아메리카에 분포한다.

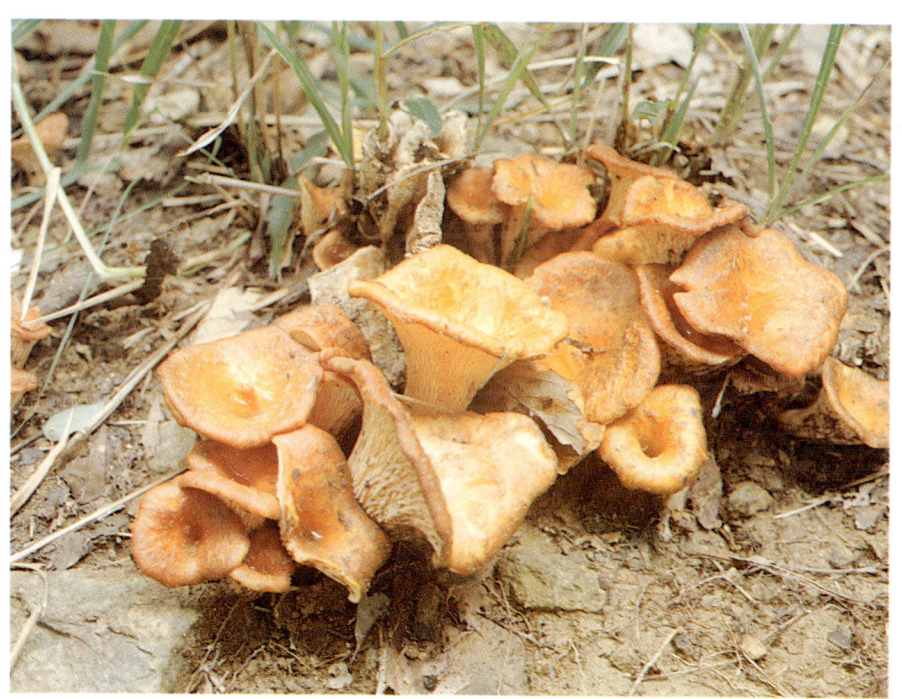

갈색꽃구름버섯

Stereum ostrea (Bl. & Nees) Fr.

담자균류의 고약버섯과에 속하며
먹을 수는 없다.

균모의 크기는 1 내지 5센티미터
정도이고 두께는 0.5 내지 1밀리미
터로 콩팥형 또는 부채꼴로 반배착
생을 하며 선반 모양이다. 벨벳 모
양의 회백색, 적갈색 또는 암갈색
털이 있는 부분과 털이 없는 부분
이 교대로 고리 모양으로 나타나며
피질은 단단하다. 균모 아래의 자
실층은 매끄럽고 백색, 희황백색,
연한 다색(茶色)이다. 자실층에는
젖관 균사가 있으나 백색이어서 안
보인다.

포자의 크기는 5 내지 6.5마이크로
미터, 폭은 2 내지 3마이크로미터
로 긴 타원형이며 아미로이드 반응
을 나타낸다. 1년 내내 활엽수의
죽은 나무에 여러 개가 층층이 겹
쳐서 나는 백색부후균이다.

우리나라에서는 지리산, 속리산, 가
야산, 소백산 등에서 자생하며 전
세계에 분포한다.

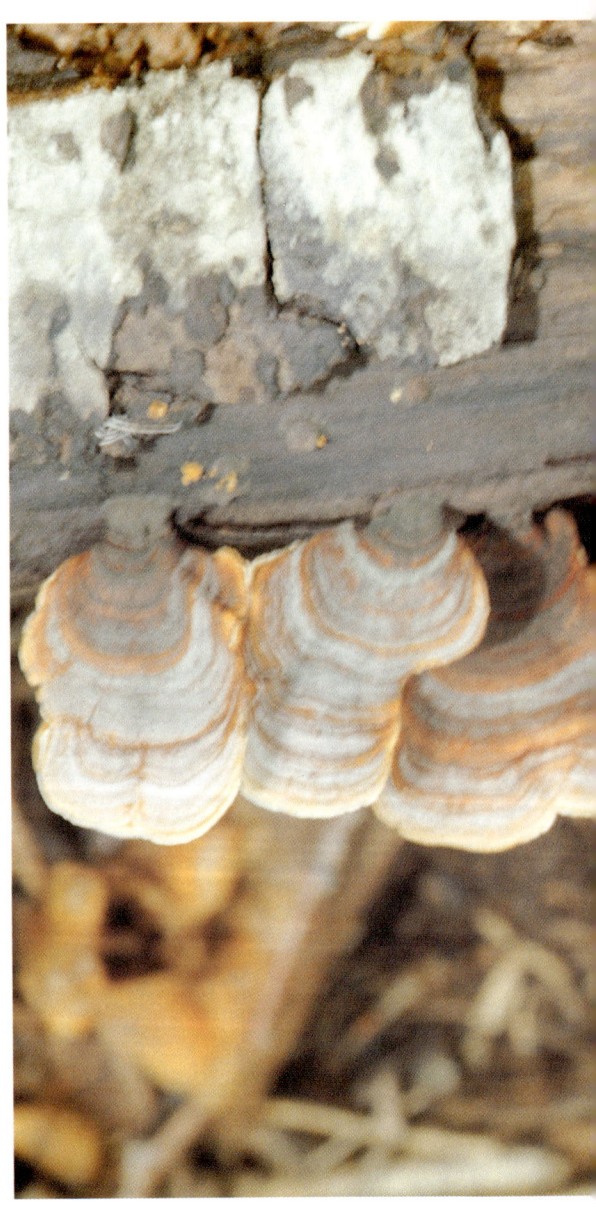

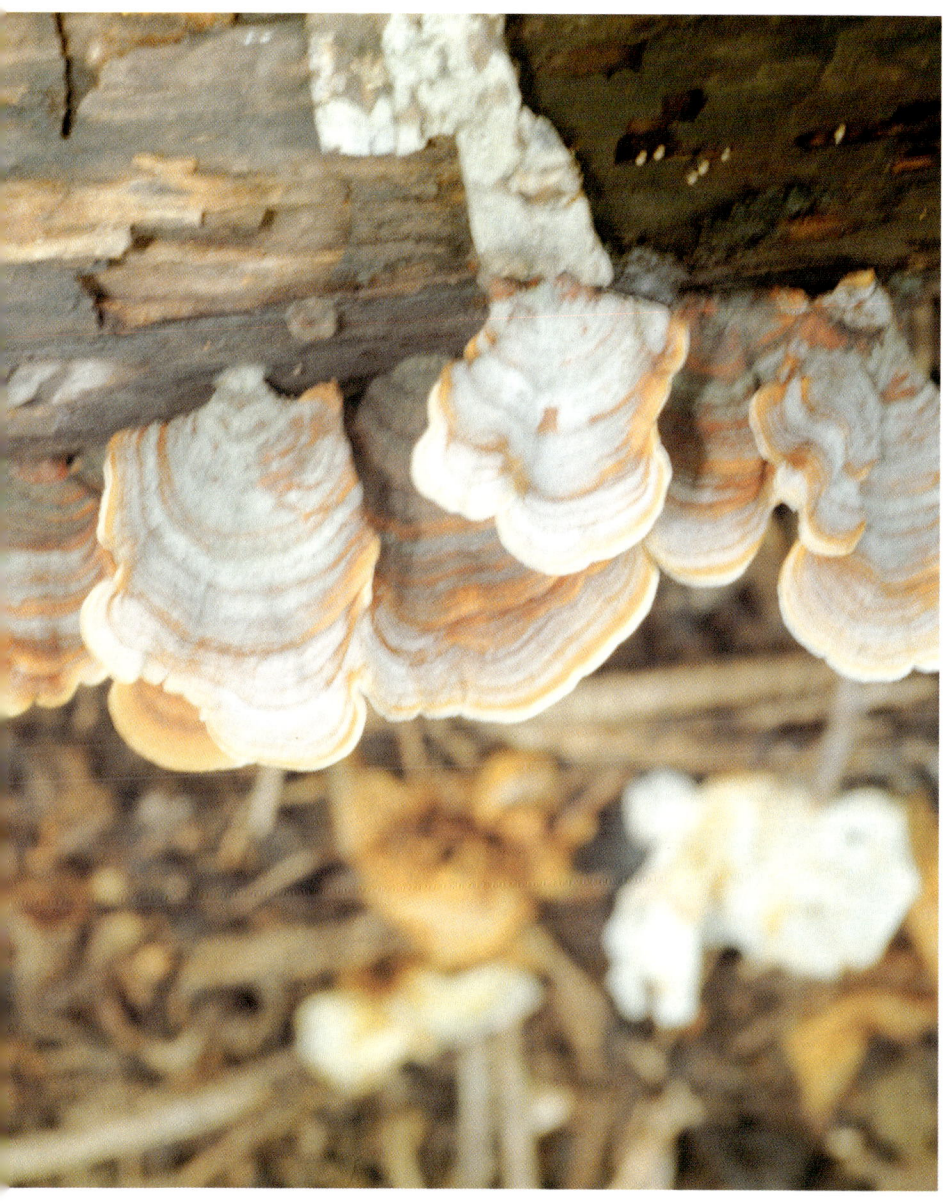

소혀버섯

Fistulina hepatica Schaeff. : Fr.

담자균류의 소혀버섯과에 속하는 것으로 먹을 수 있으며 외국에서는 진귀한 요리의 재료로 쓰인다. 균모의 크기는 10 내지 20센티미터 정도이고 소의 혀나 동물의 간장을 닮았다. 표면은 진한 홍색 또는 암적갈색이고 가는 알맹이로 덮여 있다. 혈홍색의 살은 짐승의 살코기와 닮은 옅은 적색의 근육 모양을 나타내고 피 같은 붉은 즙을 함유하고 있으며 신맛이 난다. 균모의 하면은 황색이나 홍색을 거쳐 적갈색으로 된다. 관은 5 내지 10밀리미터 길이로 원통형을 1개씩 분리할 수 있으며 관벽은 황백색이고 자루는 없다. 포자의 크기는 4 내지 5마이크로미터, 폭은 3마이크로미터이고 무색의 난형이다. 여름에서 가을 사이에 활엽수의 살아 있는 나무 또는 고목의 그루터기에 군생하는 목재부후균이다.

우리나라에서는 소백산에서 자생하며 세계적으로는 일본, 중국, 유럽, 북아메리카, 오스트레일리아 등에 분포한다.

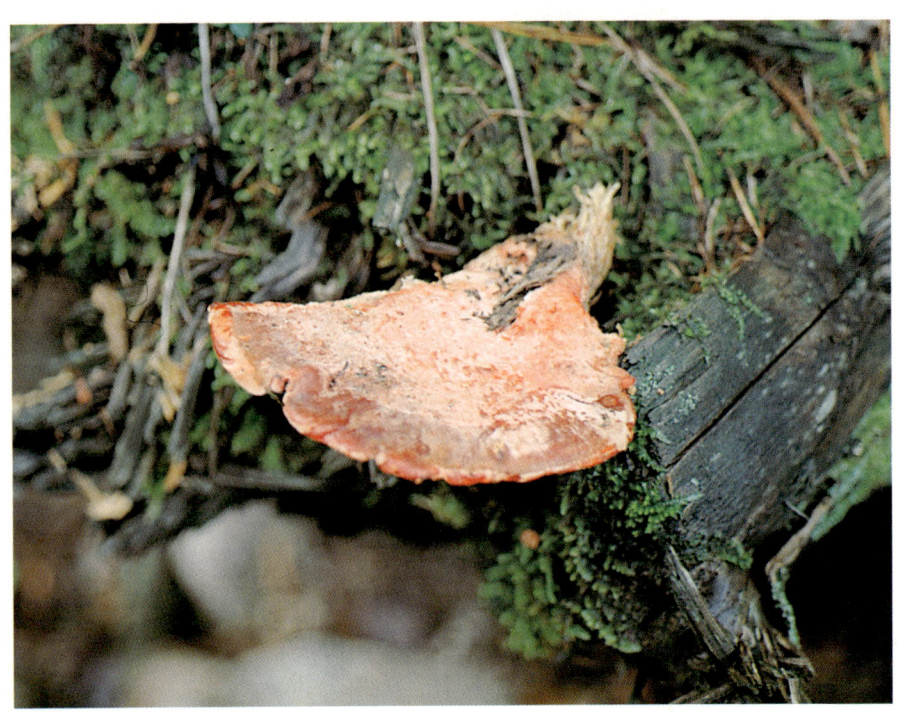

애기버섯

Collybia dryophila (Bull. : Fr.) Kummer

담자균류의 송이과에 속하며 먹을 수 있는 버섯이다.

균모의 지름은 1 내지 4센티미터이고 둥근 산 모양에서 차차 편평하게 되며 가장자리가 위로 말린다. 매끄러우며 가죽색, 황토색 또는 크림색을 띠는데 마르면 색이 옅어진다. 주름살은 백색 또는 연한 크림색이고 올린 또는 끝붙은주름살이며 밀생한다. 자루의 길이는 2.5 내지 6센티미터이고 굵기는 1.5 내지 3밀리미터로 밑은 조금 부풀고 전체가 균모와 같은 색이며 매끄럽고 속은 비어 있다.

포자의 크기는 5 내지 7마이크로미터, 폭은 2.5 내지 3.5마이크로미터로 타원형 또는 종자 모양이다. 봄에서 가을 사이에 숲 속의 부식토 또는 낙엽에 무리지어 나며 낙엽을 분해시키는 낙엽 분해균이다.

우리나라에서는 백두산, 가야산, 월출산, 발왕산, 지리산, 다도해 해상국립공원(금오도), 소백산, 변산반도, 방태산 등 거의 전국에서 자생하며 세계적으로 분포하는 버섯이다.

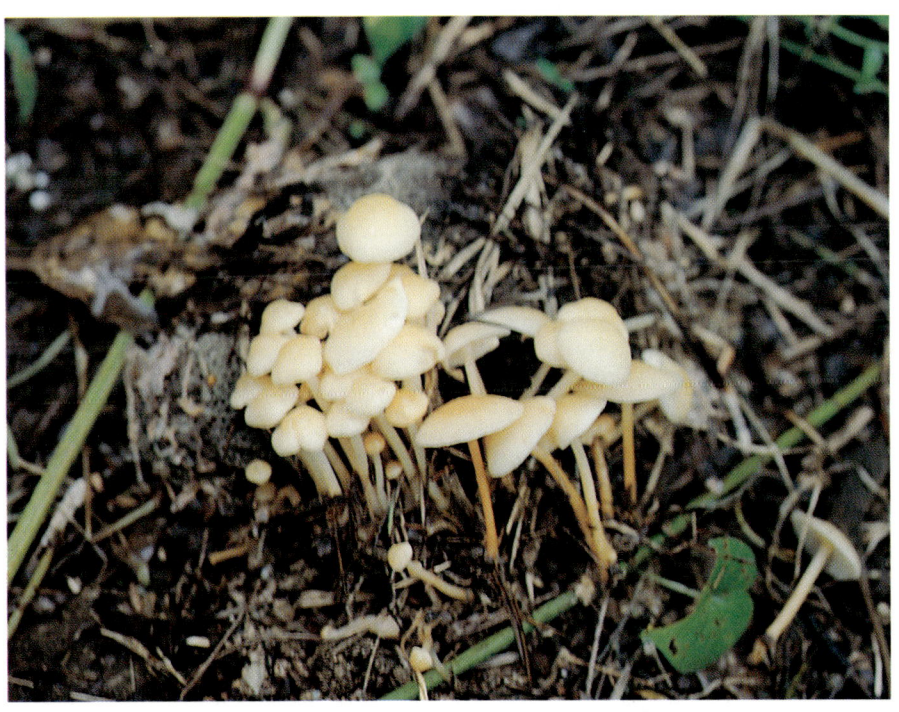

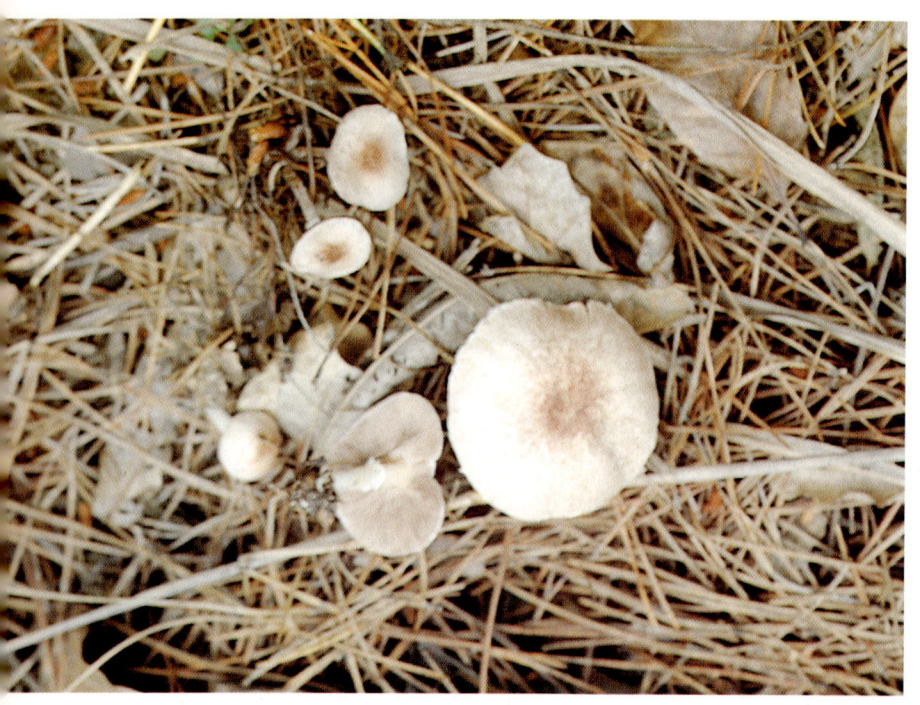

주름버섯

Agaricus campestris L. : Fr.

담자균류의 주름버섯과에 속하는 것으로 먹을 수 있으며 인공 재배도 가능한 버섯이다. 균모의 지름은 5 내지 10센티미터로 둥근 산 모양에서 차차 편평하게 된다. 백색에서 황적색으로 변하고 비늘 조각이 있으며 어릴 때는 안으로 말린다. 살은 백색이고 상처를 입으면 홍색으로 변한다. 주름살은 분홍색에서 자갈색을 거쳐 흑갈색이 되며 끝붙은 주름살이다. 자루의 길이는 5 내지 10센티미터, 굵기는 0.7 내지 2센티미터로 밑은 가늘고 백색이며 속은 차 있다가 비게 된다. 턱받이는 백색의 얇은 막질로 떨어지기 쉽다. 포자의 크기는 6 내지 8마이크로미터, 폭은 3.8 내지 5마이크로미터로 알 모양 또는 넓은 타원형의 자갈색이다. 여름에서 가을 사이에 혼효림, 풀밭, 잔디밭 등에 무리지어 나며 균륜을 만든다.
우리나라에서는 백두산, 다도해 해상국립공원(금오도), 지리산, 소백산, 변산반도 등에서 자생하며 전세계에 분포하는 버섯이다.

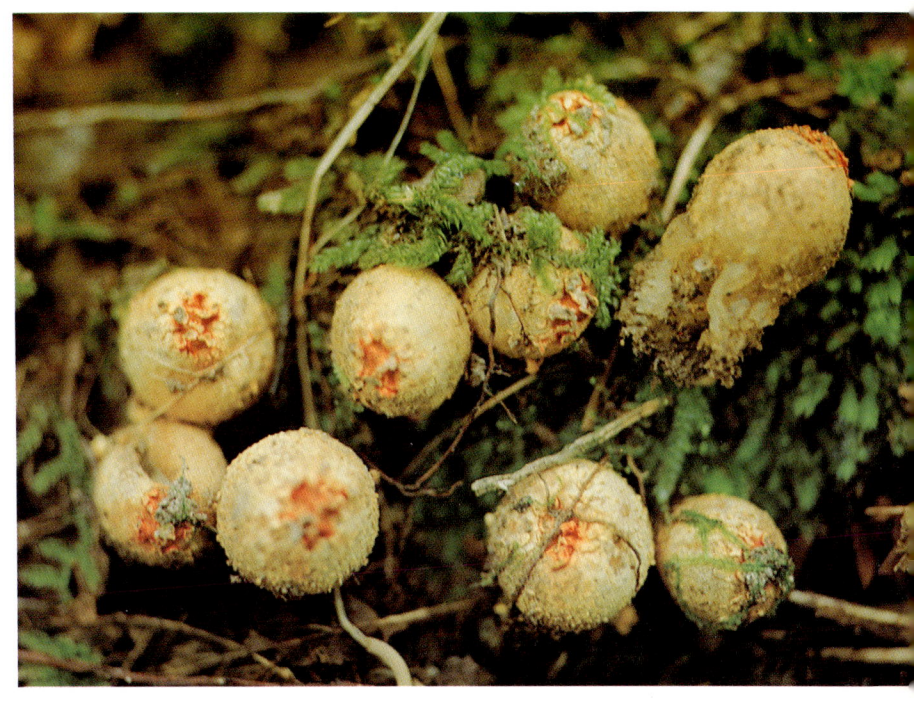

연지버섯

Calostoma japonicum P. Henn.

담자균류의 연지버섯과에 속하며 연지처럼 붉은색이 있어서 아름다운 버섯이다.

버섯의 높이는 2 내지 3센티미터로 공 모양의 두부와 뿌리 같은 자루로 이루어져 있다. 두부의 지름은 0.5에서 1센티미터로 꼭대기가 별 모양으로 갈라지고 가장자리가 적색인 작은 구멍이 열린다. 머리 부분의 껍질은 연한 황적갈색이고 표면은 흰 가루로 덮여 있다. 자루는 머리 부분과 같은 색이며 아교질의 가는 실 모양을 가진 균사 속 여러 개가 다발로 되어 있다. 머리 부분은 포자가 성숙하면 연한 크림색의 가루로 가득 차게 된다. 포자의 크기는 10에서 17마이크로미터, 폭은 6 내지 7마이크로미터로 무색의 타원형이지만 크기가 다양하고 표면에 가는 알맹이가 있다. 발생은 여름에서 가을에 걸쳐 숲 속의 맨땅에 무리지어 난다. 처음 발생시는 우무질로 되어 있으며 빨간 연지색이 없지만 성숙하면 단단해지고 연지색이 꼭대기에 나타난다.

우리나라에서는 내장산, 지리산 등에 자생하며 세계적으로는 일본, 유럽, 북아메리카 등에 분포한다. 일본 학자가 일본에만 발생하는 특산종으로 잘못 알고 학명을 붙였다.

속
리
산

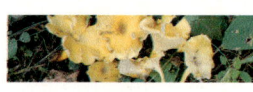

꾀꼬리버섯

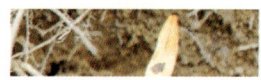

동충하초

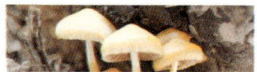

노란난버섯

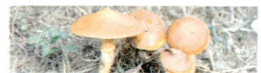

젖비단그물버섯

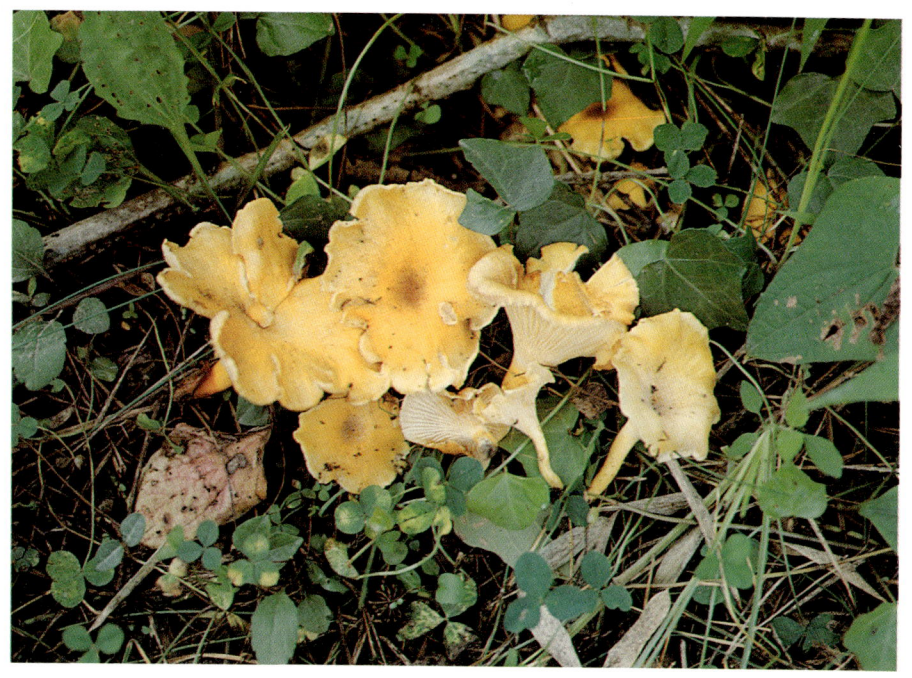

꾀꼬리버섯

Cantharellus cibarius Fr.

담자균류의 꾀꼬리버섯과에 속하는 버섯으로 살구 같은 향기가 나며 유럽 사람들이 특히 좋아하는 맛이 좋은 식용 버섯이다.

균모의 지름은 3 내지 8센티미터이며 가운데가 조금 오목하고 부정 원형인데 가장자리는 얕게 갈라지며 물결 모양이고 표면은 매끄럽다. 전체가 노란색이며 살은 두껍고 연한 황색의 육질이다. 하면은 방사상으로 늘어선 주름살이 있고 가지를 쳐 맥상으로 연결된다. 자루의 길이는 3 내지 8센티미터이며 굵기는 일정치 않고 아래쪽으로 갈수록 가늘어진다. 원주형 중심생 또는 편심생이며 속은 차 있다.

포자의 크기는 7.5 내지 10마이크로미터, 폭은 5 내지 6마이크로미터로 무색의 타원형이며 포자문은 크림색이다. 여름에서 가을 사이에 활엽수와 침엽수의 흙에 무리지어 나는 균근 형성균이다.

우리나라에서는 백두산, 주왕산, 무등산, 내장산 등에서 자생하며 세계적으로는 일본, 북반구 온대 이북에 분포한다.

동충하초

Cordyceps militaris (Vuill.) Fr.

자낭균류의 동충하초과에 속하며 한약방에서는 강장제로 쓰인다.

버섯은 전체가 곤봉 모양이고 높이는 3 내지 6센티미터로 머리 부분과 자루 부분으로 나뉜다. 머리의 길이는 0.4 내지 3센티미터로 진한 주황색이고 표면에는 알맹이 모양의 돌기가 있다. 자루의 길이는 1 내지 5센티미터이며 굵기는 3 내지 6밀리미터로 열은 주황색이고 원주형이다. 술병 모양의 자낭각은 머리의 표피 아래에 파묻힌다.

포자의 크기는 4 내지 6마이크로미터, 폭은 1마이크로미터로 원주상의 방추형이다. 여름에서 가을에 걸쳐 숲 속의 죽은 나비, 나방 등의 번데기 가슴 부위에 1개가 나오는 것이 보통이고 간혹 2개가 나오는 것도 있다.

우리나라에서는 소백산, 가야산, 속리산, 월출산, 만덕산, 모악산 등에서 자생하며 세계적으로는 일본 등 전세계에 분포한다.

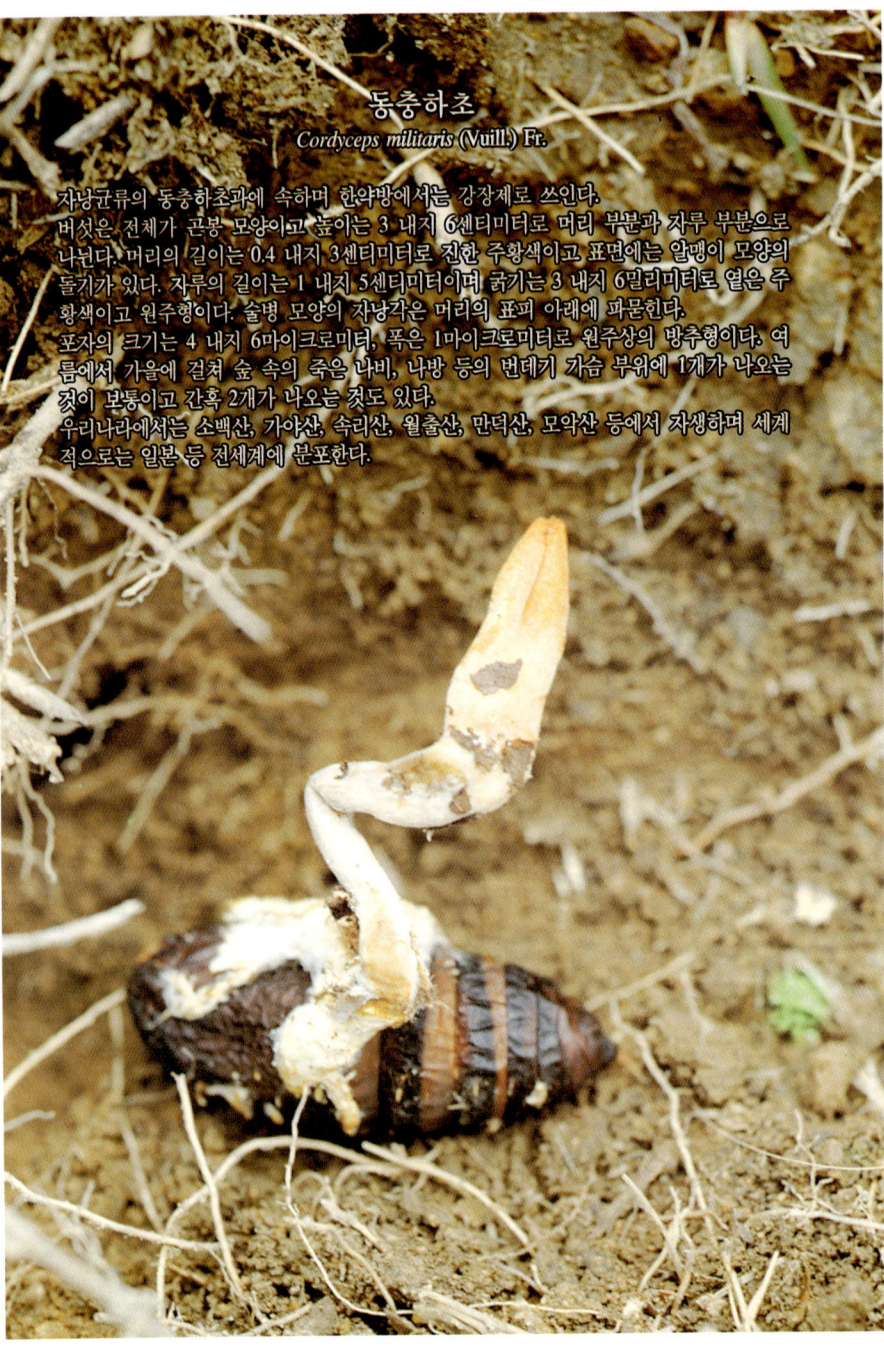

노란난버섯

Pluteus leoninus (Schaeff. : Fr.) Kummer

담자균류의 난버섯과에 속하며 먹을 수는 없다.

균모의 지름은 2 내지 6센티미터로 둥근 산 모양에서 차차 편평하게 되고 매끄럽다. 황색이며 물기가 있을 때 가장자리에 줄무늬 선이 나타나고 살은 연한 황색이다. 주름살은 백색에서 살색으로 되며 끝붙은주름살이다. 자루의 길이는 3 내지 7센티미터이고 굵기는 0.3 내지 1.2센티미터로 위아래의 굵기가 같거나 위쪽이 가늘며 황백색이고 섬유상이며 속은 차 있거나 또는 비어 있다.

포자의 크기는 5.5 내지 6.5마이크로미터, 폭은 4.5 내지 5.5마이크로미터로 구형 비슷하고 포자문은 살색이다. 초여름에서 초겨울 사이에 활엽수의 말라 죽은 줄기나 썩은 고목, 톱밥에 무리를 지어 나거나 다발로 나는 목재부후균이다.

우리나라에서는 변산반도, 지리산 등에서 주로 자생하며 세계적으로는 북반구 일대에 분포한다.

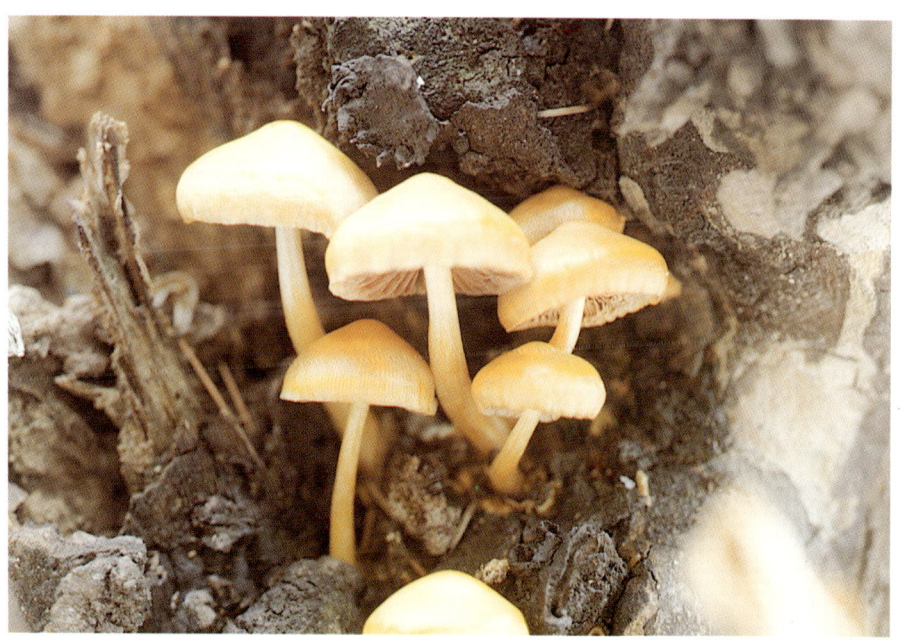

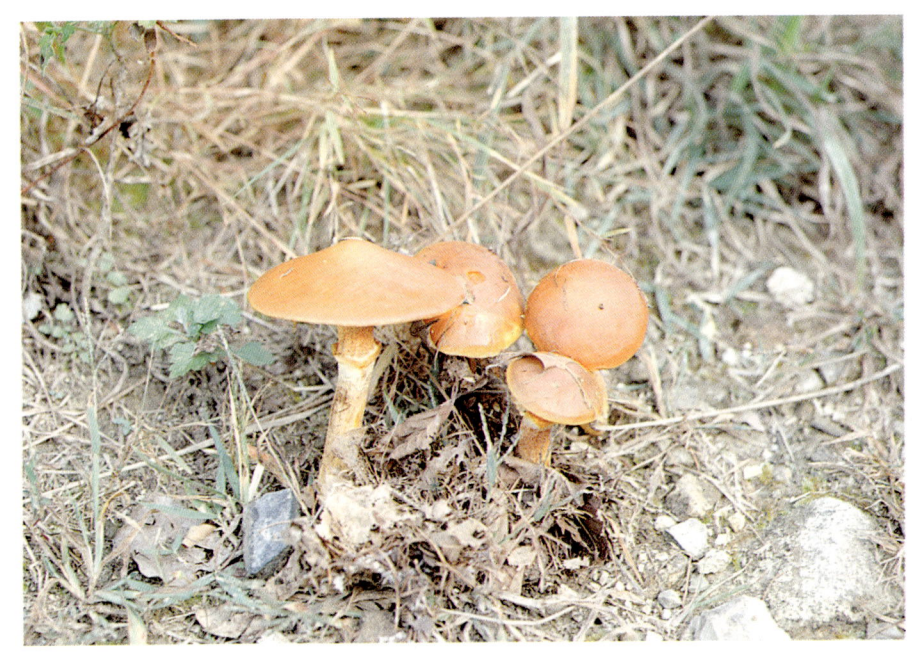

젖비단그물버섯

Suillus granulatus (Fr.) O. Kuntze

담자균류의 그물버섯과에 속하며 먹을 수 있는 버섯이다.

균모의 지름은 4 내지 9센티미터로 반구형에서 편평하게 되나 가운데가 조금 볼록하다. 물기가 있을 때는 끈적기가 있으며 밤갈색을 띠나 마르면 황색이 된다. 살은 연하고 황백색 또는 황색이다. 관공은 선황색이며 백황색의 유액을 분비하고 나중에 황갈색으로 변한다. 자루의 길이는 7 내지 8센티미터이고 굵기는 2.5 내지 3마이크로미터로 황색 바탕에 갈색의 얼룩이 있으며 위쪽에는 가는 알맹이가 밀포한다.

포자의 크기는 7 내지 10마이크로미터, 폭은 3 내지 4마이크로미터이며 긴 타원형이다. 여름에서 가을 사이에 소나무숲의 땅에 무리지어 나며 균근을 형성하여 식물과 공생한다. 이 버섯의 무리에는 버섯벌레(갑충류)의 유충이 많이 번식한다.

우리나라에서는 월출산, 발왕산, 만덕산 등에서 주로 자생하며 세계적으로는 일본, 중국, 유럽, 시베리아, 북아메리카, 오스트레일리아 등 전세계에 분포한다.

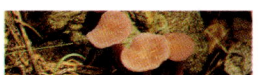

자주졸각버섯

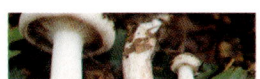

다색벚꽃버섯

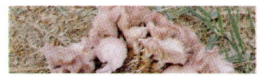

민자주방망이버섯

덕
유
산

자주졸각버섯

Laccaria amethystea (Bull.) Murr.

담자균류의 송이과에 속하는 버섯으로 먹을 수 있으며 매우 아름답다.
균모의 지름은 1.5 내지 3센티미터로 둥근 산 모양에서 차차 편평하게 되나 가운데가 오목해진다. 표면은 매끄러우며 가늘게 갈라져서 작은 인편 모양이 된다. 처음은 자색이지만 마르면 황갈색 또는 연한 회갈색이 된다. 주름살은 짙은 자주색이며 두껍고 성기며 올린주름살이다. 자루의 높이는 3 내지 7센티미터이고 굵기는 2 내지 5밀리미터이며 섬유상으로 균모와 같은 색깔이다.
포자의 크기는 7 내지 9마이크로미터로 구형이고 표면에 가시가 돋아 있다. 가시의 길이는 0.9 내지 1.3마이크로미터이다. 여름에서 가을에 걸쳐 양지바른 돌 틈이나 숲 속의 홈에 무리지어 나며 균근을 형성하여 식물과 공생하기도 한다.
우리나라에서는 월출산, 가야산, 주왕산, 속리산, 발왕산, 지리산, 방태산 등 전국에서 자생하며 세계적으로는 일본, 중국, 유럽, 북반구 온대 이북에 광범위하게 분포한다.

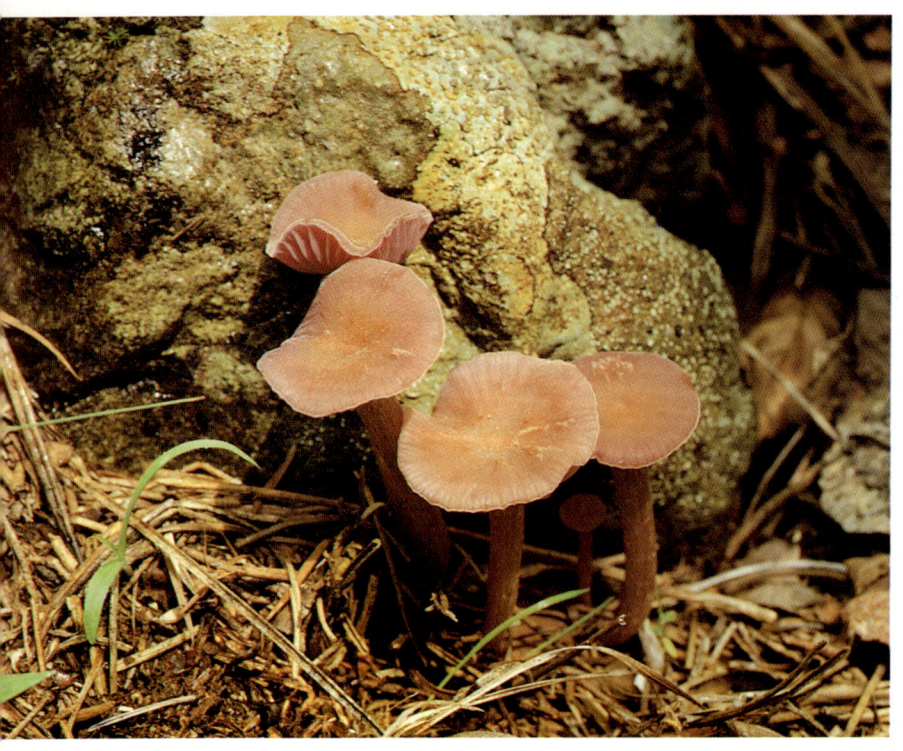

다색벚꽃버섯

Hygrophorus russula (Schaeff. : Fr.) Quél.

담자균류의 벚꽃버섯과에 속하며 먹을 수 있다.

균모의 지름은 5 내지 12센티미터이고 둥근 산 모양에서 차차 편평한 모양으로 되나 가운데는 볼록하다. 표면은 끈적기가 있으나 곧 마른다. 가운데와 가장자리는 암적색 또는 포도주색으로 안쪽으로 말리며 약간 검은색의 가는 인편이 있다. 살은 백색이고 연한 홍색의 얼룩이 있다. 주름살은 백색 또는 연한 홍색이고 바른주름살 또는 내린주름살이며 얼룩이 있다. 자루의 길이는 3 내지 8센티미터이고 굵기는 1 내지 3센티미터로 백색에서 암홍색으로 변하고 섬유상이며 속은 차 있다.

포자의 크기는 6 내지 8마이크로미터, 폭은 3.5 내지 5마이크로미터이고 타원형이며 포자문은 백색이다. 여름부터 가을 사이에 활엽수림의 흙에 무리지어 난다.

우리나라에서는 백두산, 덕유산 등에서 자생하며 세계적으로는 북반구 온대에 분포한다.

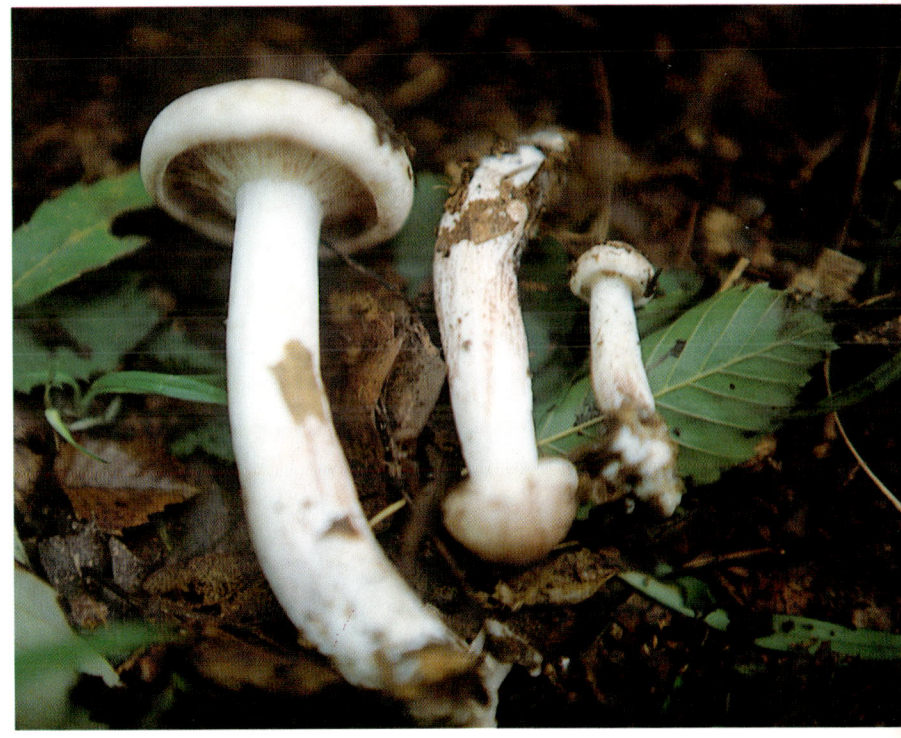

민자주방망이버섯

Lepista nuda (Bull. : Fr.) Cook.

담자균류의 송이과에 속하며 먹을 수 있고 인공 재배도 가능하다.

균모의 지름은 6 내지 10센티미터로 둥근 산 모양에서 편평해지며 가장자리는 안쪽으로 말린다. 처음에는 전체가 자주색이나 차차 퇴색하여 탁한 황색 또는 갈색이 된다. 살은 연한 자색이며 치밀하다. 주름살은 자주색으로 밀생하고 홈파진주름살 또는 내린주름살이다. 자루는 길이 4 내지 8센티미터이고 굵기는 0.5 내지 1센티미터로 밑은 부풀고 섬유상이며 속은 차 있다.

포자의 크기는 5 내지 7마이크로미터, 폭은 3 내지 4마이크로미터로 타원형이고 가는 사마귀로 덮여 있다. 포자문은 연한 살색이다. 여름에서 가을 사이에 잡목림, 대나무숲 속, 풀밭 등에 무리를 지어 나며 균륜을 만든다. 가끔 맵겨를 쌓아 놓은 곳에 속생하기도 한다.

우리나라에서는 백두산, 속리산, 삼례 등에서 자생하며 세계적으로는 북반구 일대, 오스트레일리아 등에 분포한다.

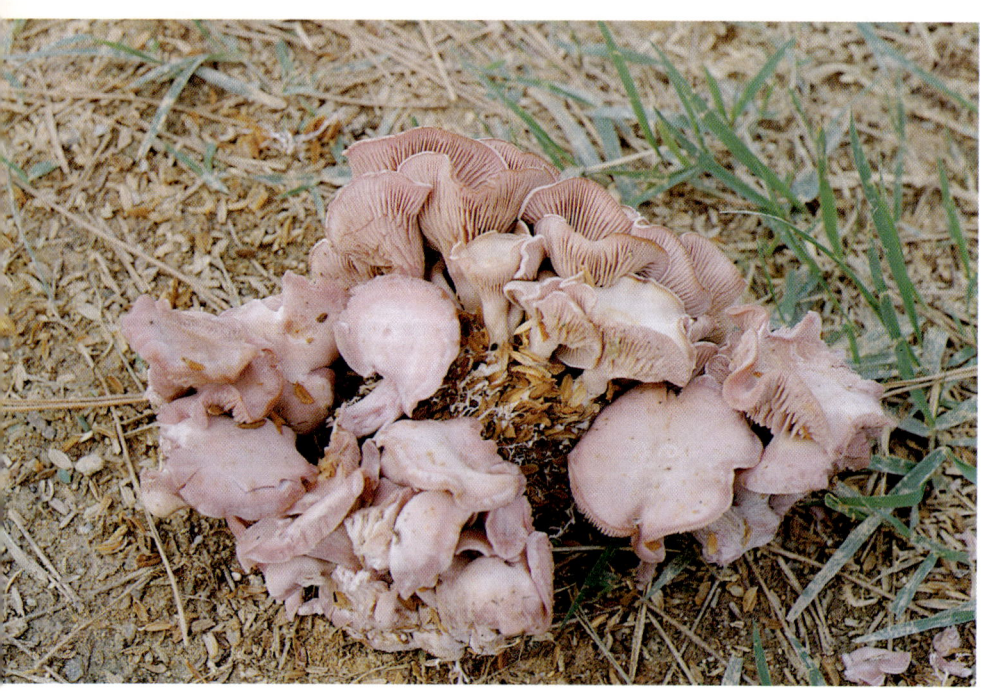

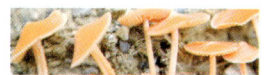

붉은꼭지외대버섯

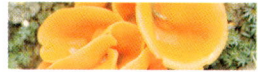

들주발버섯

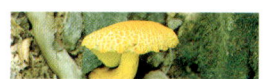

껄껄이그물버섯

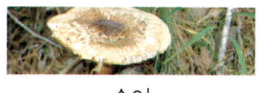

송이

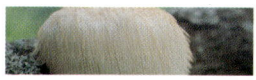

노루궁뎅이

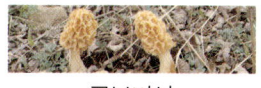

곰보버섯

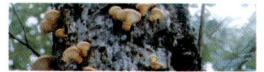

화경버섯

붉은꼭지외대버섯

Entoloma salmoneum (PK.) Sacc. = *Rhodophyllus quadratus* (Berk. & Curt.) Hongo

담자균류의 외대버섯과에 속하며 먹을 수 없으나 맛과 향기는 온화하다.
버섯 전체가 주홍색 또는 진한 살색을 나타낸다. 균모의 지름은 1 내지 5센티미터로 원
추형 또는 종 모양인데 중심부에 작은 돌기가 있다. 표면은 주홍색에서 살색을 나타내
고 가장자리에 줄무늬 선이 있다. 주름살은 끝붙은주름살로 조금 거칠며 균모와 같은
색이고 갈라져 있다. 자루의 길이는 5 내지 11센티미터이고 굵기는 2 내지 4밀리미터로

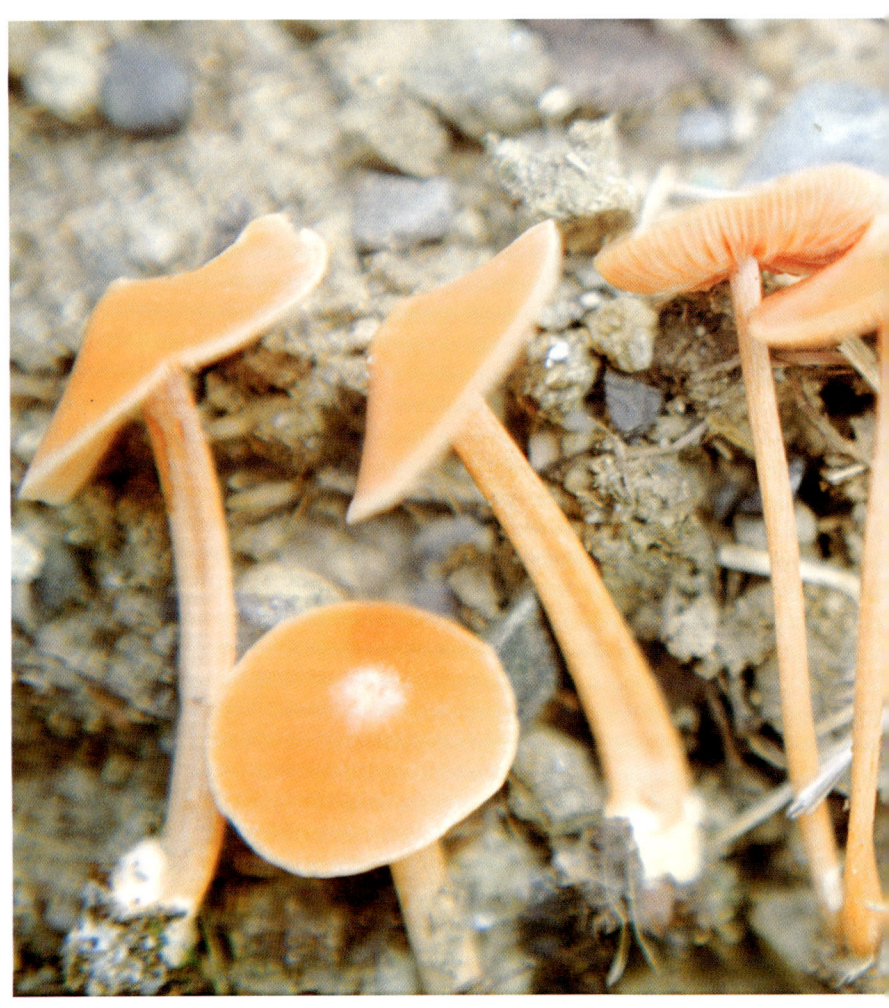

균모와 같은 색인데 속은 비어 있다.

포자의 크기는 10 내지 12.5마이크로미터로 네모꼴의 주사위 모양(정육면체)이며 포자문은 분홍색이다. 여름에서 가을에 걸쳐서 각종 숲 속의 흙에 무리지어 발생한다. 잘 부서지고 자루 밑에 하얀 균사가 부착한 것이 많아서 다른 버섯과 쉽게 구별된다.

우리나라에서는 지리산, 발왕산, 방태산, 만덕산 등에서 자생하며 일본, 북아메리카, 중국, 소련, 동남아시아, 뉴기니, 마다가스카르 섬 등 거의 전세계에 분포한다.

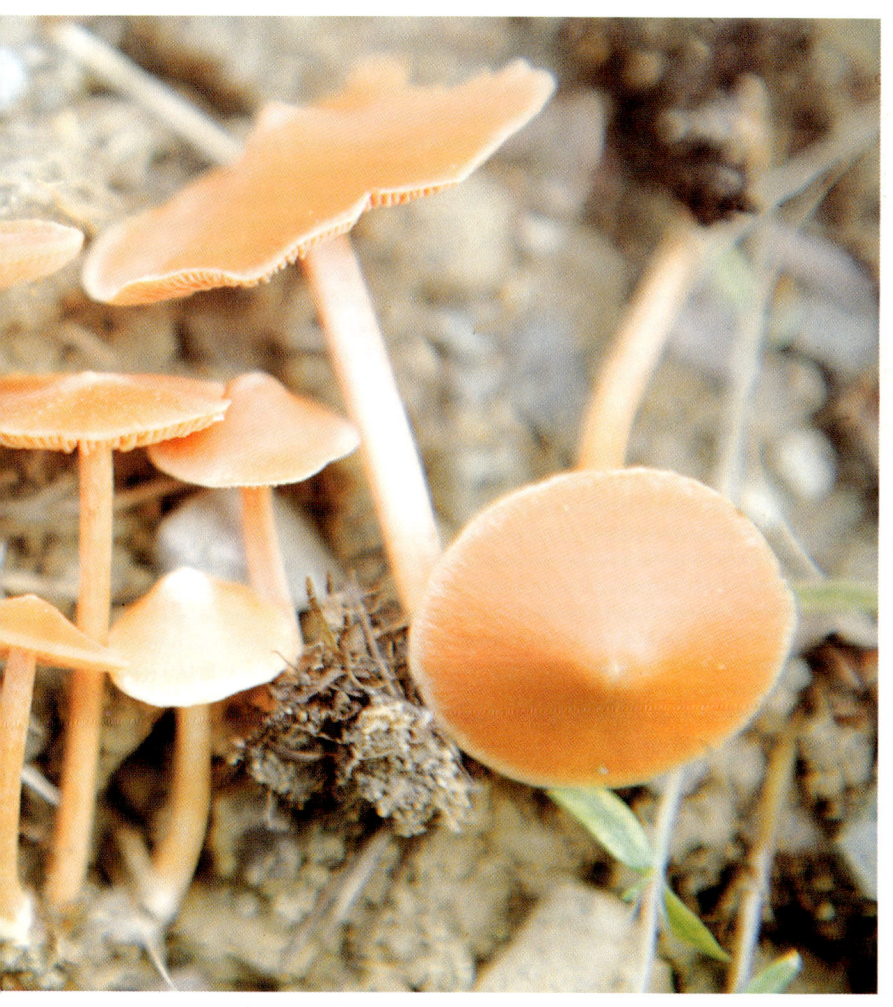

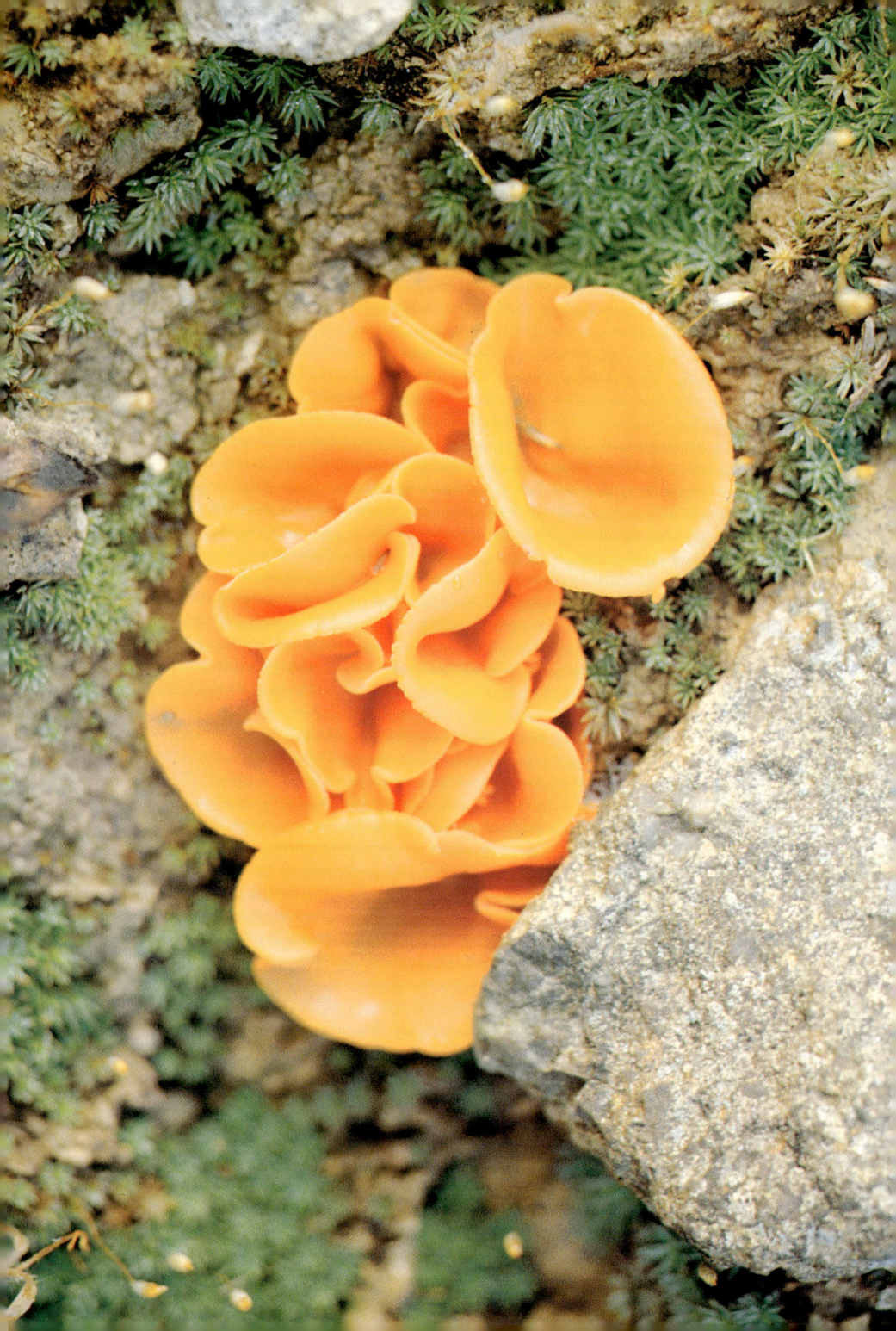

들주발버섯

Aleuria aurantia (Fr.) Fuckel

자낭균류의 접시버섯과에 속하는 것으로 독성은 없고 색이 화려해서 매우 아름답다.
버섯의 크기는 지름이 2 내지 5센티미터로 주발 모양 또는 접시 모양이며 안쪽은 밝은
주홍색 또는 주황색, 바깥쪽은 연한 주색(朱色)이다. 흰 가루 같은 털로 덮인 육질(肉質)
이고 부서지기 쉽다.
포자의 크기는 16 내지 22마이크로미터, 폭은 7 내지 10마이크로미터로 타원형이고 표
면은 그물눈 같은 무늬 모양이 있고, 양끝에 짧은 돌기가 있으며 무색이고 매끈하다. 여
름부터 늦가을 사이에 숲 속의 흙 또는 둔덕의 진흙과 풀이 없는 맨땅 위에 무리지어
난다.
우리나라에서는 소백산, 만덕산 등에서 자생하며 전세계적으로 분포한다.

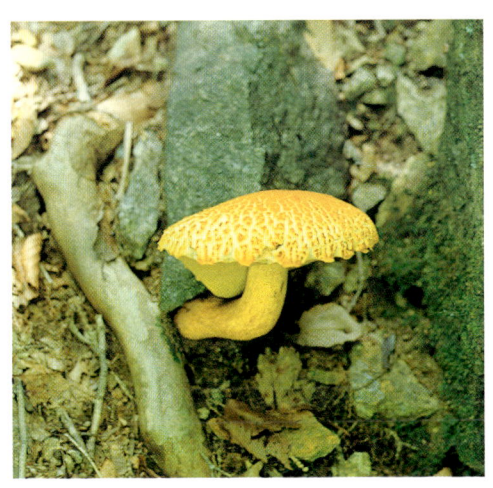

껄껄이그물버섯

Leccinum extremiorientales (L. Vass.)
Sing.

담자균류의 그물버섯과에 속하는
대형 버섯으로 먹을 수 있다. 서양
에서는 주로 수프로 만들어 먹는다.
균모의 지름은 10 내지 26센티미터
로 반구형 또는 둥근 산 모양에서
차차 편평하게 된다. 황토색 또는
오렌지갈색의 벨벳 모양 주름이 있
으나 나중에 갈라져서 연한 황색의
살을 나타낸다. 살은 두껍고 치밀하
며 백색 또는 황색이다. 관공은 올
린관공으로 황색에서 올리브 녹색
으로 되고 구멍은 작은 원형이다.
자루의 길이는 5 내지 15센티미터
이고 굵기는 2.5 내지 5 5센티미터

로 아래와 가운데가 굵으며 황색 바탕에 황갈색의 가는 점이 빽빽이 있다.
포자의 크기는 9.5 내지 13마이크로미터, 폭은 3.5 내지 4마이크로미터로 원주 모양의
방추형이다. 여름에서 가을 사이에 활엽수가 섞인 소나무 숲의 흙 또는 등산로의 흙에
홀로 또는 무리지어 난다.
우리나라의 지리산, 변산반도, 무등산 등에서 자생하며 세계적으로는 일본, 북아메리카
에 분포한다.

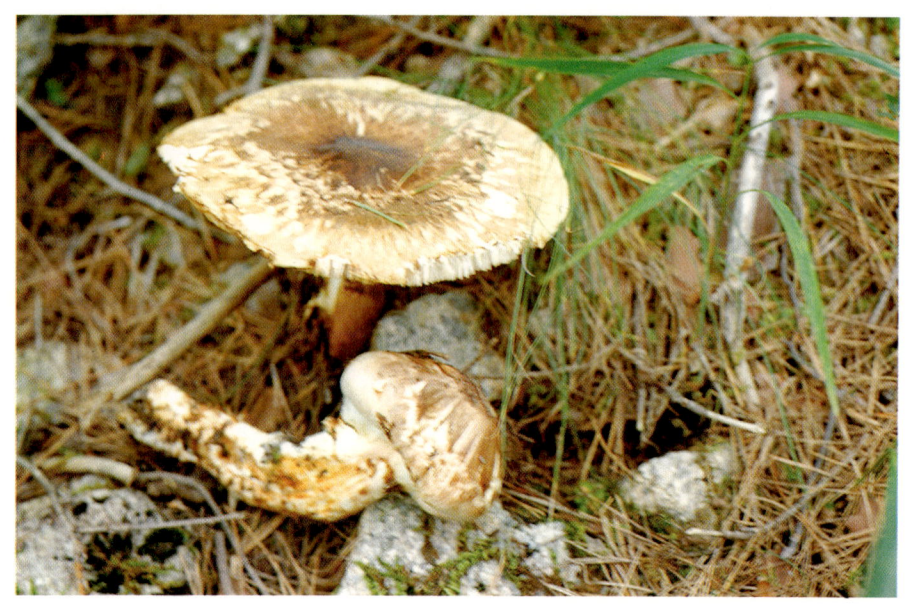

송이

Tricholoma matsutake (S. Ito & Imai) Sing.

담자균류의 송이과에 속하는 것으로 먹을 수 있으며 맛과 향기가 독특하여 모든 사람들이 좋아하는 버섯이다.

균모의 지름은 8 내지 25센티미터이며 구형에서 둥근 산 모양을 거쳐 차차 편평하게 되고 가장자리가 위로 말린다. 표면은 연한 황갈색 또는 밤갈색의 섬유상 인편으로 덮여 있고 방사상으로 갈라져 흰 살이 나타난다. 가장자리는 자루의 상부와 솜털 피막에 의해 연결되어 있다. 살은 희고 치밀하며 독특한 향기가 있다. 주름살은 백색이고 밀생하며 갈색의 얼룩이 생기고 홈파진주름살이다. 자루의 길이는 10 내지 25센티미터이고 굵기는 1.5 내지 3센티미터로 상하 같은 크기이고 속은 차 있으며 상부는 백색이고 하부는 갈색의 인편으로 덮여 있다. 턱받이는 솜털 모양이다.

포자의 지름은 8.5마이크로미터, 폭은 6.5마이크로미터로 무색의 타원형이다. 6월과 가을에 발생하며 적송림의 흙에 무리지어 나는데 6월에 나는 것은 별로 많지 않다. 가을 송이는 주로 일본에 수출되어 농가 소득의 큰 수입원이 되고 있다. 소나무와 공생 생활을 하는 것으로 소나무(적송) 뿌리에 외생 균근을 형성하여 발생하며 소나무 뿌리의 성장과 함께 차차 바깥쪽으로 펴져 나간다. 수령이 2,30년 된 소나무에서 가장 많이 자생하는데 많은 학자들의 끊임없는 연구에도 불구하고 아직 인공 재배에는 성공을 거두지 못하고 있다.

우리나라에서는 주왕산, 지리산, 방태산 등 강원도 산간 지방, 경상북도 북부 지방에서 자생하며 세계적으로는 일본, 대만, 중국 등에 분포한다.

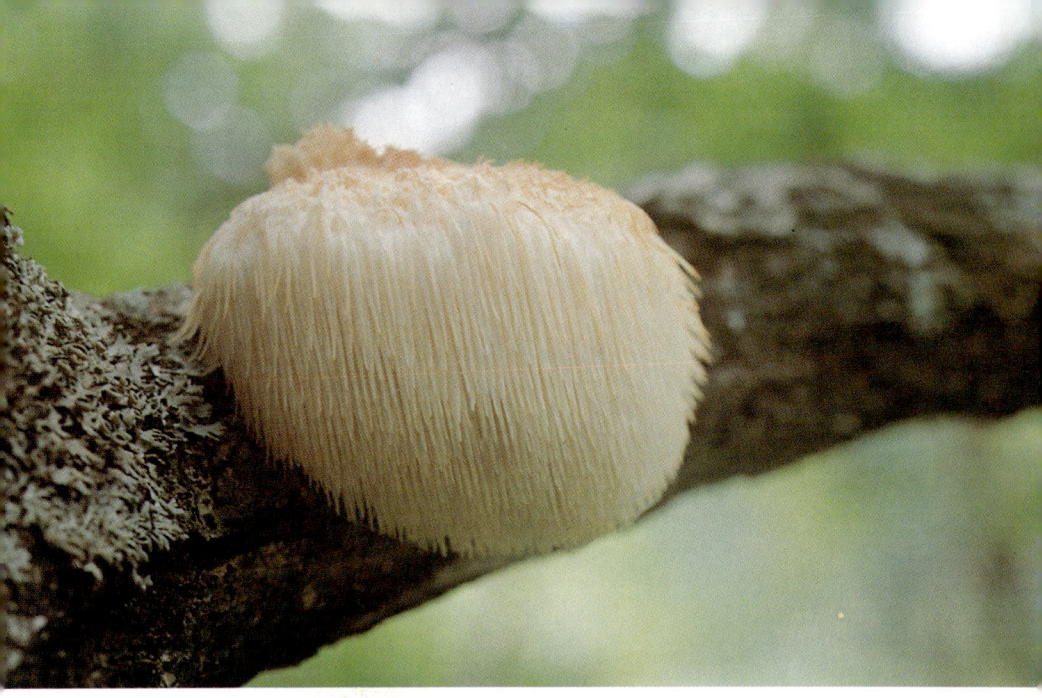

노루궁뎅이

Hericium erinacium (Fr.) Pers.

담자균류의 산호침버섯과에 속하며 살은 육질(肉質)로 되어 있어서 먹을 수 있다. 버섯의 지름은 5 내지 20센티미터로 거꾸로 된 난형 또는 반구형이며 나무 줄기에 매달려 있다. 상부 등면을 제외한 전면에 길이 1 내지 5센티미터나 되는 긴 침이 무수히 있어 전체 모양이 고슴도치와 비슷하다. 백색에서 황색 또는 연한 황색으로 변한다. 세로로 자르면 상반부는 크고 작은 구멍이 있는 갯솜 모양의 살덩이로 되어 있고 하반부는 긴 침이 모여 있는 집합체이다.

포자의 크기는 6.5 내지 7.5마이크로미터, 폭은 5 내지 5.5마이크로미터이고 무색의 아구형이다. 여름에서 가을 사이에 숲 속 활엽수의 나무 줄기나 고목에 1개가 나며 백색부후균으로 나무를 썩힌다.

우리나라에서는 지리산, 광릉 등에서 자생하며 세계적으로는 북반구 온대 이북에 분포한다.

곰보버섯

Morchella esculenta (L. : Fr.) Pers.

자낭균류의 곰보버섯과에 속하며 맛이 좋은 버섯이다.
버섯의 높이는 8 내지 15센티미터이고 머리 부분의 지름은 4 내지 5센티미터로 넓은 난형이며 그물눈 모양으로 도려낸 것처럼 보이는 다수의 오목한 곳이 있고 그 내부에 자실층이 발달하였다. 연한 황갈색 또는 회황색이다. 자루는 2.5 내지 5센티미터이고 굵기는 불규칙하다. 상부는 가늘고 하부는 부풀어 있으며 백색이다. 표면은 탁한 황색이고 주름과 쌀겨 같은 인편이 붙어 있으며, 내부는 머리 부분까지 비어 있다.
포자의 크기는 20 내지 25마이크로미터, 폭은 12 내지 15마이크로미터로 무색의 타원형이며 표면은 매끄럽다. 봄철에 숲 속이나 나무가 많은 뜰 등에서 나며 나무와 균근을 형성하여 공생 생활을 하는 버섯이다.
지리산에서 주로 자생하며 세계적으로는 북반구 온대 이북에 분포한다.

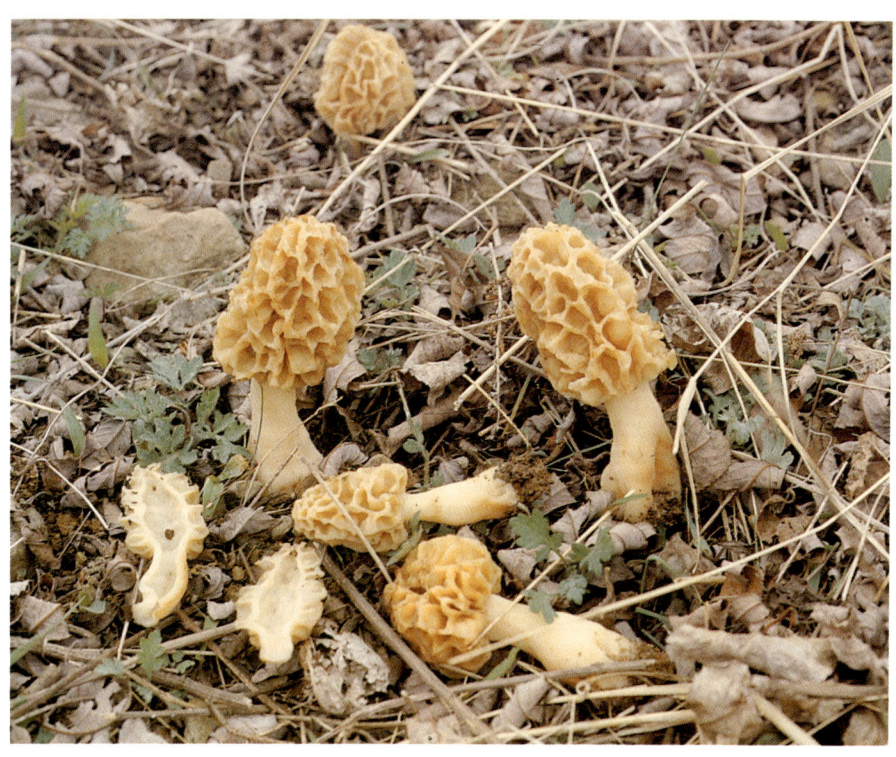

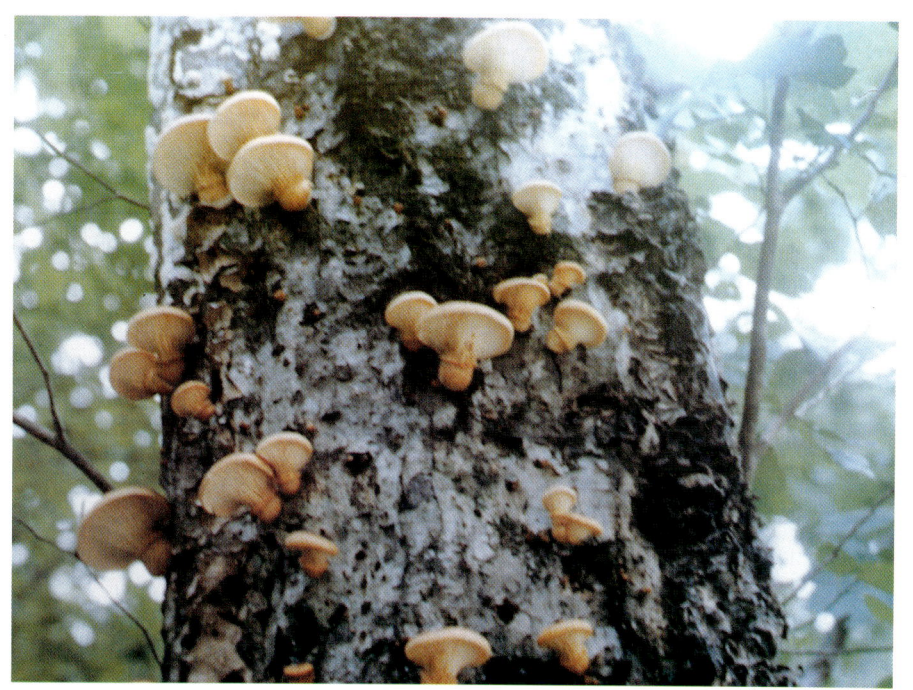

화경버섯

Lampteromyces japonicus (Kawam.) Sing.

송이과에 속하지만 독버섯으로 소화기에 장애를 일으키며 달버섯이라고도 한다.
균모의 크기는 지름이 10 내지 25센티미터로 반원형 또는 콩팥형이다. 표면은 황등갈색
인데 작은 인편이 있고 나중에는 자갈색 또는 암갈색으로 되며 납과 같은 광택이 있다.
살은 백색이고 두껍다. 주름살은 연한 황색에서 백색이 되고, 폭이 2센티미터로 내린주
름살이다. 자루의 길이는 1.5 내지 2.5센티미터, 굵기는 1.5 내지 3센티미터로 짧고 굵으
며 균모 옆에 붙고 주름살과 붙는 곳에 고리 모양으로 부푼 부분이 있다. 자루의 살은
암자색 또는 흑갈색인 것이 특징이다.
포자의 지름은 11.5 내지 15마이크로미터로 구형이며 매끄럽고 두꺼운 막을 가지고 있
으며 비아미로이드 반응을 나타낸다. 여름과 가을에 활엽수의 말라 죽은 줄기에 중첩하
여 발생하는 목재부후균이다. 밤에 발광하여 희미한 빛을 내므로 달버섯이라고도 하며
옛날 궁중에서는 사약의 재료로 이용하였다고도 한다.
우리나라에서는 지리산, 광릉에서 자생하며 세계적으로는 일본, 소련 등에 분포한다.

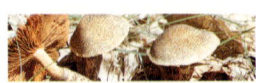

검은인편끈적버섯

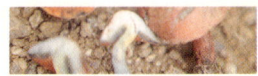

독그물버섯

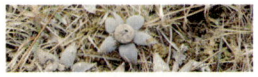

먼지버섯

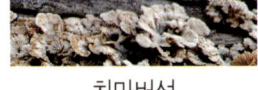

치마버섯

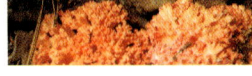

황금싸리버섯

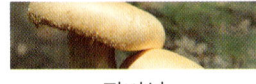

잣버섯

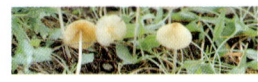

노란종버섯

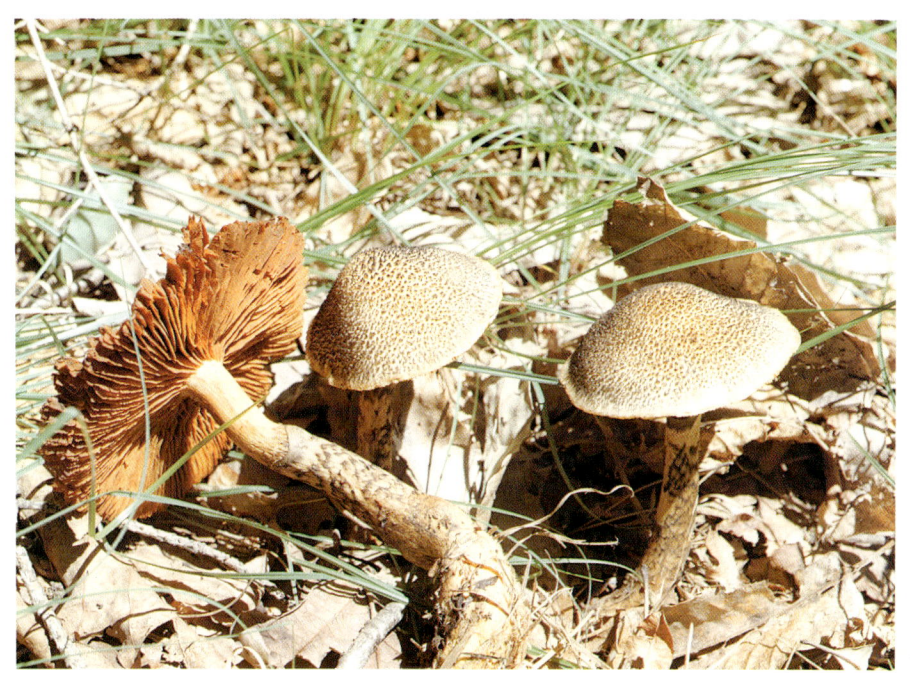

검은인편끈적버섯

Cortinarius nigrosquamosus Hongo

담자균류의 끈적버섯과에 속하며 먹을 수는 없다.

균모의 지름은 5 내지 11센티미터이고 처음은 둥근 산 모양이나 점차 편평하게 된다. 균모의 바탕색은 황노랑 또는 옅은 황갈색이다. 표면에 피라미드 형의 흑색 인편이 분포하며 오래되면 탈락하여 흔적만 남는다. 균모의 가운데는 약간 볼록하며 인편이 밀포하여 흑색을 나타낸다. 살은 백색이나 자자 황백색으로 된다. 주름살의 폭은 0.5 내지 1.1센티미터로 약간 성기고 바른주름살이며 노란색에서 차차 갈색으로 변한다. 자루의 길이는 8 내지 12센티미터이고 굵기는 1.5 내지 2센티미터로 굽은 것도 있으며 아래로 내려 갈수록 굵고 부풀어 있다. 턱받이의 흔적이 있으며 흔적의 아래는 검은색의 인편이 뱀 비늘처럼 부착되어 있고 자루의 살은 갈색이며 속은 비어 있다.

포자의 크기는 6.5 내지 7.5마이크로미터, 폭은 4.9 내지 5.5마이크로미터이고 타원형이며 표면에 사마귀점이 있고 비아미로이드 반응을 나타낸다. 여름에서 가을에 걸쳐 혼효림의 낙엽이 쌓인 흙에 군생한다.

우리나라에서는 가야산, 만덕산 등에서 자생하며 세계적으로는 일본, 뉴기니에 분포한다.

독그물버섯

Boletus luridus Schaeff. : Fr.

담자균류의 그물버섯과에 속하는 독버섯으로 상처를 받으면 청색으로 되는 것이 특징이다.

균모의 지름은 5 내지 20센티미터로 반구형에서 둥근 산 모양을 거쳐 차차 편평하게 된다. 표면은 건조하거나 습기가 조금 있고 융털이 있다가 없어지며 다(茶)올리브색 또는 그을은 갈색이고 접촉하면 흑색으로 변한다. 관은 끝붙은주름살로 황색에서 녹색으로 변하고 길며, 구멍은 작고 원 또는 각형이며 선홍색에서 등황색을 거쳐 올리브색이 된다. 자루는 길이가 5 내지 15센티미터이고 굵기는 3 내지 6센티미터로 기부는 굵고 가근이 있으며 갈색 또는 자색이고 상부는 황색인데 선홍색의 그물눈 무늬가 있다. 포자의 크기는 11 내지 15마이크로미터, 폭은 7 내지 8마이크로미터이고 원통상의 방추형이며 표면은 매끄럽다. 여름에서 가을 사이에 활엽수림의 흙에 홀로 또는 무리지어 난다.

우리나라에서는 가야산, 방태산, 지리산, 월출산, 만덕산 등에서 자생하며 세계적으로는 일본, 중국, 시베리아, 유럽, 북아메리카, 오스트레일리아 등 거의 전세계에 분포한다.

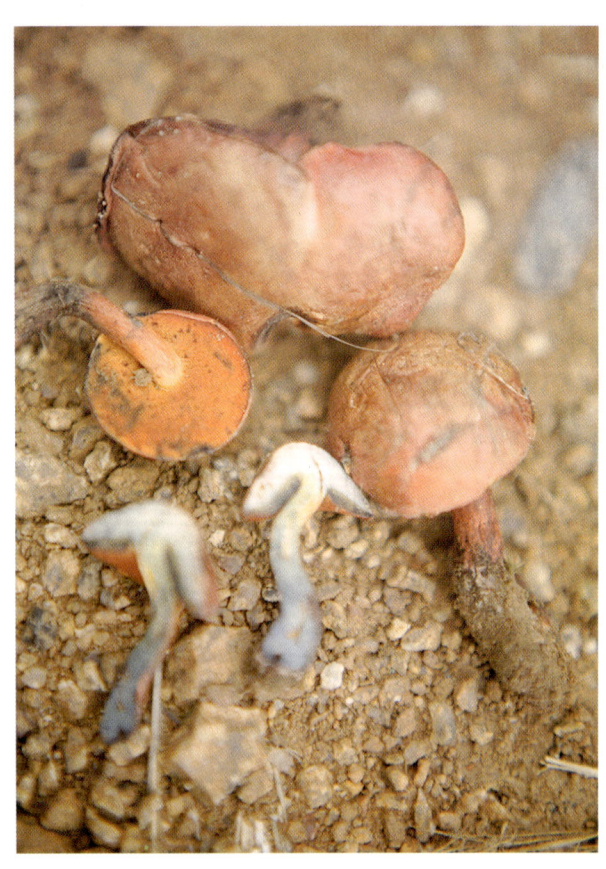

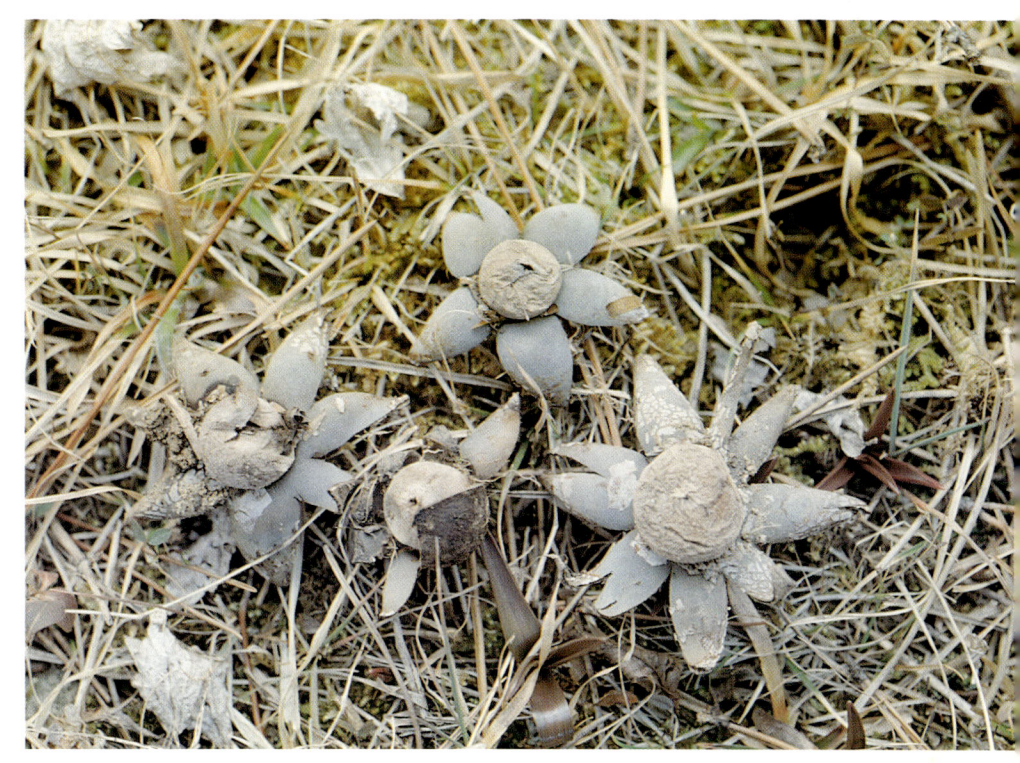

먼지버섯

Astraeus hygrometricus Morgan

담자균류의 먼지버섯과에 속하며 먹을 수는 없다.

버섯의 지름은 2 내지 4센티미터로 처음엔 공 모양 또는 편평한 공 모양으로 반이 땅속에 묻혀 있고 회갈색 또는 흑갈색의 균사가 있다. 성숙하면 두껍고 단단한 가죽질인 외피는 별 모양의 7, 8개 조각으로 쪼개져 바깥쪽으로 말리고 속의 얇은 껍질로 덮인 주머니를 노출한다. 주머니 속에는 포자가 가득차 있으며 꼭대기의 구멍에서 포자를 방출한다. 별 모양으로 갈라진 외피는 습기를 빨아들이면 안쪽으로 세게 말리고 이때 외피끝은 주머니를 눌러서 포자의 방출을 돕는다.

포자의 지름은 8 내지 11마이크로미터로 구형이고 표면에 알갱이가 붙어 있으며 갈색이다. 여름에서 가을 사이에 숲 속 길가의 무너진 낭떠러지 등에 무리지어 난다.

우리나라에서는 백두산, 내장산, 모악산 등 거의 전국에서 자생하며 세계적으로 분포하는 버섯이다.

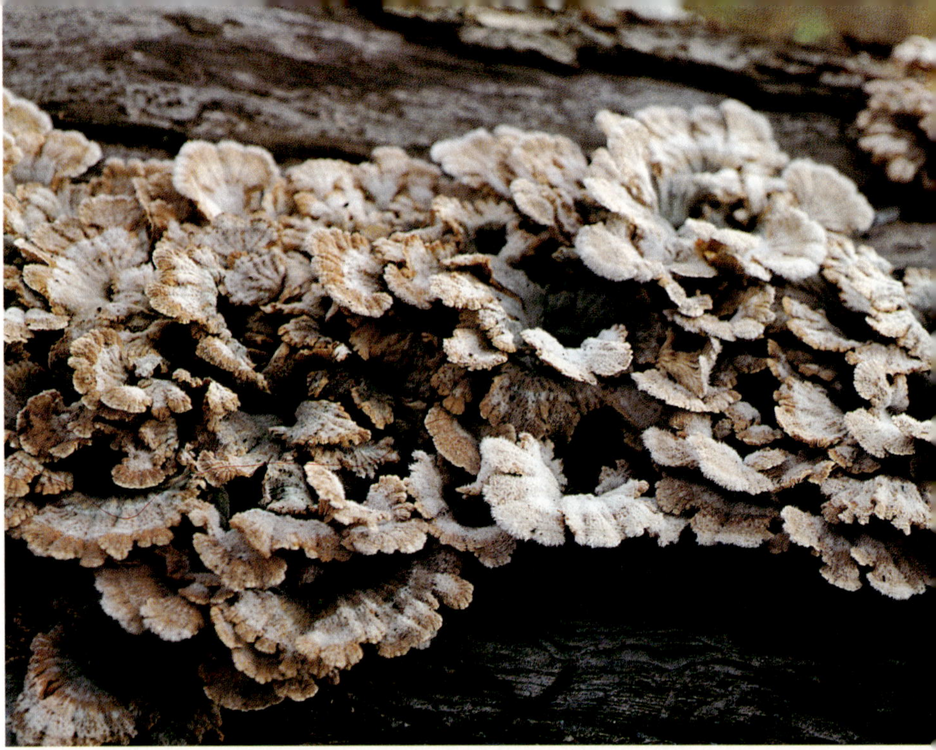

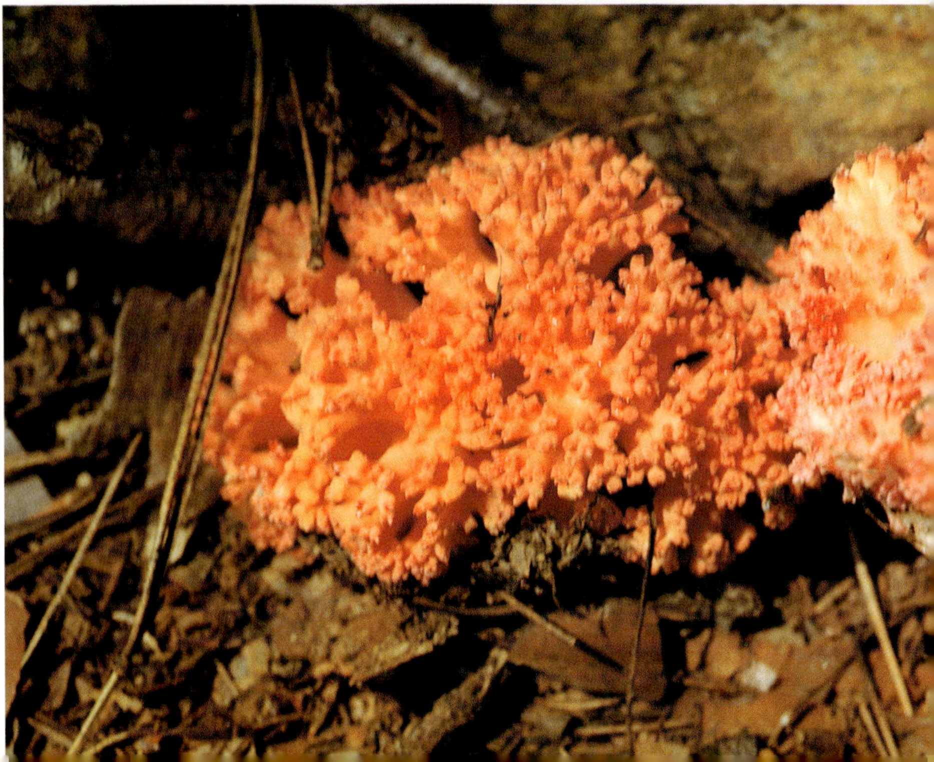

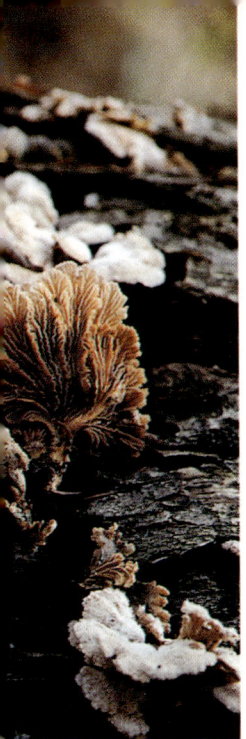

치마버섯

Schizophyllum commune Fr. : Fr.

담자균류의 치마버섯과에 속하며 우리나라에서는 먹지 않으나 중국에서는 식용한다.

균모의 지름은 1 내지 3센티미터로 부채 모양 또는 원형이며 때로는 손바닥같이 갈라진다. 거친 털이 밀생하고 백색, 회색, 연한 연어살색 또는 자주색이며 가장자리는 세로로 갈라져 두 쌍이 겹친 것처럼 보인다. 살은 가죽질이고 마르면 움츠러드나 물에 담그면 원형 상태로 된다. 자루가 없고 균모의 옆이나 등면의 일부로 고목 등에 부착한다. 포자는 4 내지 6마이크로미터, 폭은 1.5 내지 2마이크로미터이고 원주형이다. 봄에서 가을 사이에 말라 죽은 나무나 활엽수의 재목에 중첩하여 군생하는 목재부후균이다.

우리나라에서는 백두산, 월출산, 가야산, 지리산, 속리산, 발왕산, 소백산, 두륜산, 변산반도, 방태산, 다도해 해상국립공원(금오도, 연도) 등 전국에서 자생하며 세계적으로는 유럽, 북아메리카 등 전세계에 분포한다.

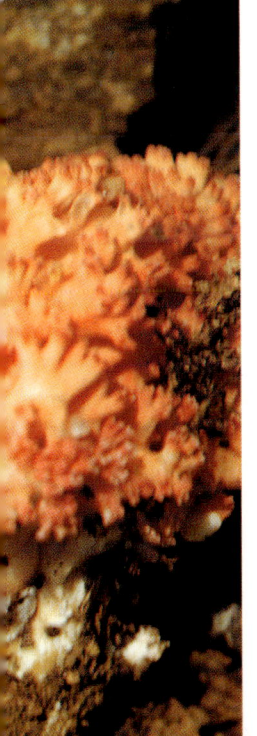

황금싸리버섯

Ramaria aurea (Schaeff. : Fr.) Quél.

담자균류의 싸리버섯과에 속하며 먹을 수는 있으나 먹으면 설사를 일으키기 때문에 독버섯으로 취급한다.

버섯의 크기는 지름이 5 내지 20센티미터 정도이고 높이는 5 내지 12센티미터로 조금 큰 편이다. 나뭇가지 모양으로 심하게 갈라지고 근부를 제외하고는 전체가 황금색 또는 노란 자색이며 부서지기 쉽다. 포자의 크기는 8 내지 15마이크로미터, 폭은 6 내지 8마이크로미터로 긴 타원형이며 표면은 거칠거나 약간 매끄러운 것도 있다. 포자문은 크림색이다. 싸리버섯류의 담자기는 경자(sterigma)가 4개 이상인 것도 많다. 가을에 숲 속의 땅 위에 다발로 난다.

우리나라에서는 백두산, 가야산 등에서 주로 자생하며 세계적으로는 오스트레일리아, 일본, 유럽, 북아메리카, 아시아 등 거의 전세계에 분포한다.

잣버섯

Lentinus lepideus (Fr. : Fr.) Fr.

담자균류의 느타리과에 속하며 먹을 수 있고 인공 재배도 가능한 버섯이다.

균모는 지름 5 내지 20센티미터로 강인한 육질인데, 구형에서 둥근 산 모양으로 차차 편평하게 되나 가운데는 오목해진다. 표면은 연한 황토색 또는 황갈색의 갈라진 인편을 동심원상으로 갖거나 갖지 않기도 한다. 균모의 중심 부근이 갈라져 백색의 살을 드러낸다. 살은 송진 냄새가 난다. 주름살은 백색의 홈파진 또는 내린주름살이며 가장자리는 톱니 모양이다. 자루의 길이는 2 내지 8센티미터이고 굵기는 1 내지 2센티미터로 백색 또는 연한 황색이며 갈색의 갈라진 인편이 있고 상부에는 줄이 있다.

포자의 크기는 10 내지 11마이크로미터, 폭은 4 내지 5마이크로미터이고 타원형 또는 원주형이다. 포자문은 백색이다. 초여름에서 가을 사이에 소나무의 그루터기에 홀로 또는 무리지어 나며 갈색부후균이다. 우리나라에서는 백두산, 가야산, 두륜산, 지리산 등에서 주로 자생하며 세계적으로는 북반구 일대에 분포한다.

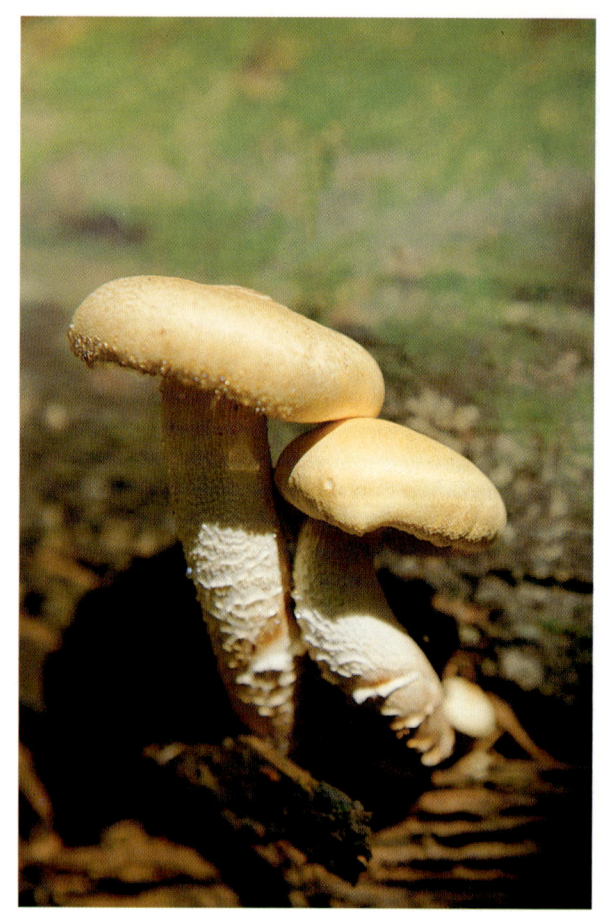

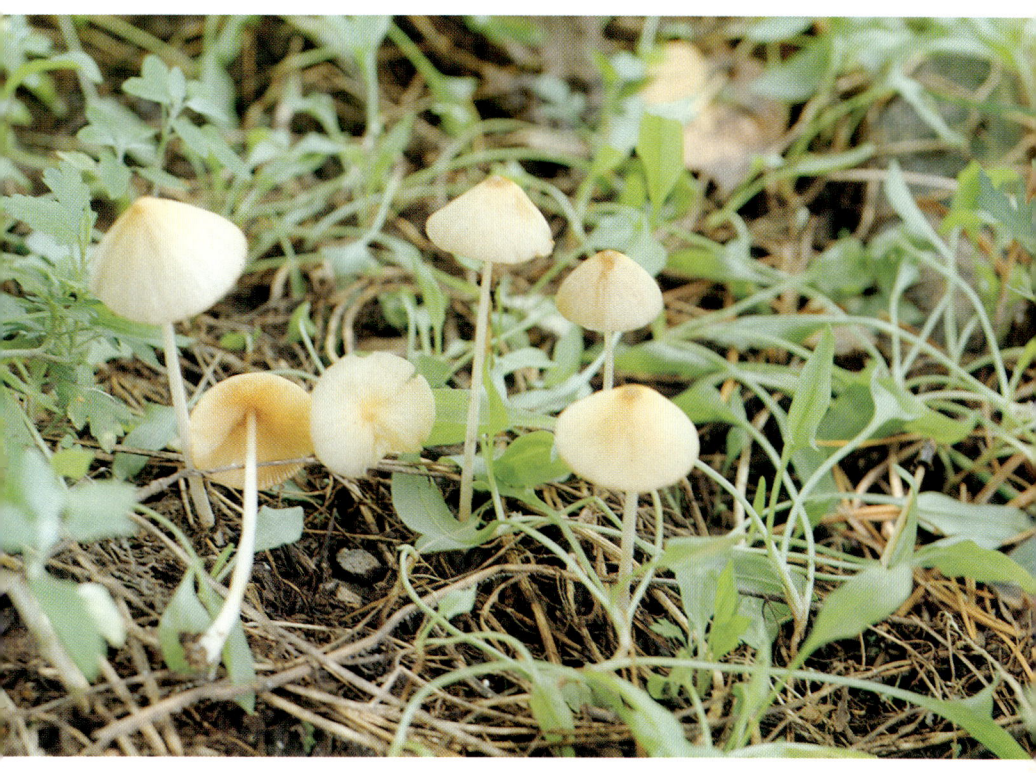

노란종버섯

Conocybe lactea (J. Lange) Métrod

담자균류의 소똥버섯과에 속하며 먹을 수는 없다.

균모의 시름은 3.5 내지 4.5센티미터로 원추형이나 가운데가 볼록한 것도 있다. 물기가 있을 때는 줄무늬 선이 있고 마르면 매끄러우며 가운데는 황토색이고 가장자리는 백색 또는 크림색이며 아래로 말린다. 살은 얇고 부서지기 쉽다. 주름살은 바른주름살로 진한 녹이 슨 것 같은 색이다. 자루의 길이는 11 내지 13센티미터이고 굵기는 3 내지 4밀리미터로 밑은 둥글게 부풀고 표면은 백색이며 가는 가루털로 덮여 있고 속은 비어 있다. 포자의 크기는 12 내지 15마이크로미터, 폭은 7 내지 8.5마이크로미터로 타원형 또는 알 모양이고 표면은 매끄럽다. 초여름에서 가을 사이에 길가 목초지, 보리밭, 잔디밭, 풀밭 등의 흙에 무리지어 난다.

우리나라에서는 백두산, 방태산, 다도해 해상국립공원(금오도) 등에서 자생하며 세계적으로는 유럽, 북아메리카 등 거의 전세계에 분포한다.

모

악

산

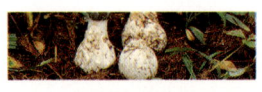

말뚝버섯

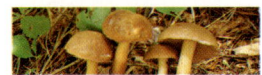

제주쓴맛그물버섯

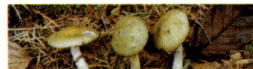

독청버섯

말뚝버섯

Phallus impudicus L. : Pers.

담자균류의 말뚝버섯과에 속하며 먹을 수는 없다.

버섯의 높이는 9 내지 15센티미터로 머리와 자루로 나뉜다. 머리는 원추상의 종 모양이고 백색 또는 연한 황색의 그물눈 융기가 있으며 불규칙하다. 꼭대기에는 구멍이 있으며 암록색의 고약한 냄새가 나는 점액 물질이 있다. 어린 버섯(알)은 백색의 공 모양이고 지름은 4 내지 5센티미터로 내부의 우무질은 두껍고 황토색이며, 세로로 자르면 중축부에 눌린 자루와 그 바깥쪽에 모자 모양의 균모가 있고 그 위에 암록색의 기본체와 우무질을 볼 수 있다. 자루는 원주상이며 백색이고 속은 비어 있다.

포자의 크기는 3.5 내지 4.5마이크로미터, 폭은 2 내지 2.5마이크로미터로 타원형이고 연한 녹색이다. 여름에서 가을 사이에 숲 속 땅에 무리지어 난다. 점액성의 물질에 포자가 있으므로 곤충의 몸에 붙어서 포자를 퍼뜨리는 데에 유리하게 되어 있다.

우리나라의 모악산 등 전세계에 분포한다.

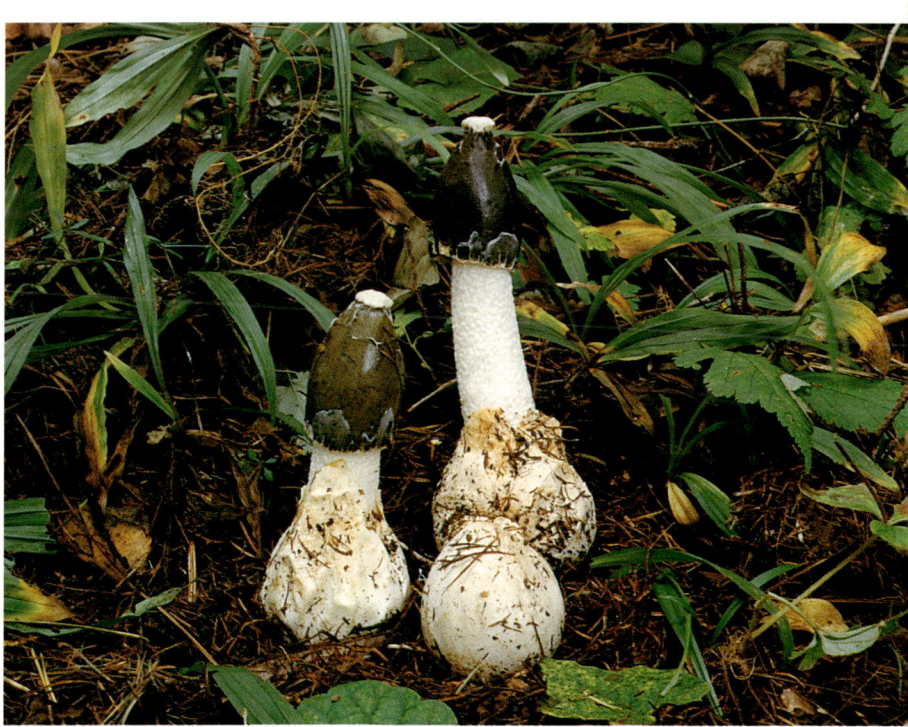

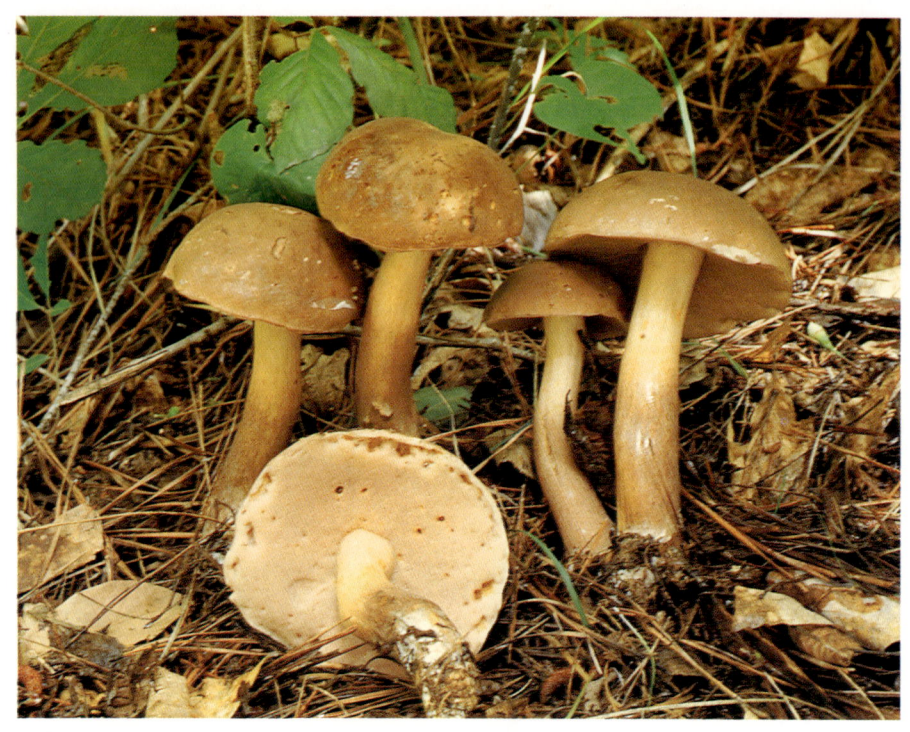

제주쓴맛그물버섯

Tylopilus neofelleus Hongo

담자균류의 그물버섯과에 속하며 맛이 아주 쓰다.

균모의 지름은 6 내지 11센티미터이고 둥근 산 모양에서 차차 편평하게 된다. 약간 벨벳 모양이며 끈적기가 없고 올리브색 또는 홍갈색을 띤다. 살은 두껍고 단단하며 백색이다. 관공의 관은 백색에서 연한 홍색으로 되며 구멍은 작고 홍색에서 포도주색으로 된다. 올린 또는 끝붙은관공이다. 상처를 받아도 색은 변하지 않는다. 자루의 길이는 6 내지 11센티미터이고 굵기는 1.5 내지 2.5센티미터로 밑이 굵고 균모와 같은 색이며 위쪽에 그물눈 모양이 있는 것도 있다.

포자의 크기는 7.5 내지 9.5마이크로미터, 폭은 3.5 내지 4마이크로미터로 타원형 또는 방추형이고 포자문은 어두운 연한 홍색이다. 여름에서 가을 사이에 소나무 또는 졸참나무 숲의 땅에 무리지어 난다.

우리나라에서는 두륜산, 지리산, 가야산, 속리산, 방태산, 다도해 해상국립공원(연도) 등에서 주로 자생하며 세계적으로는 뉴기니, 일본 등에 분포한다.

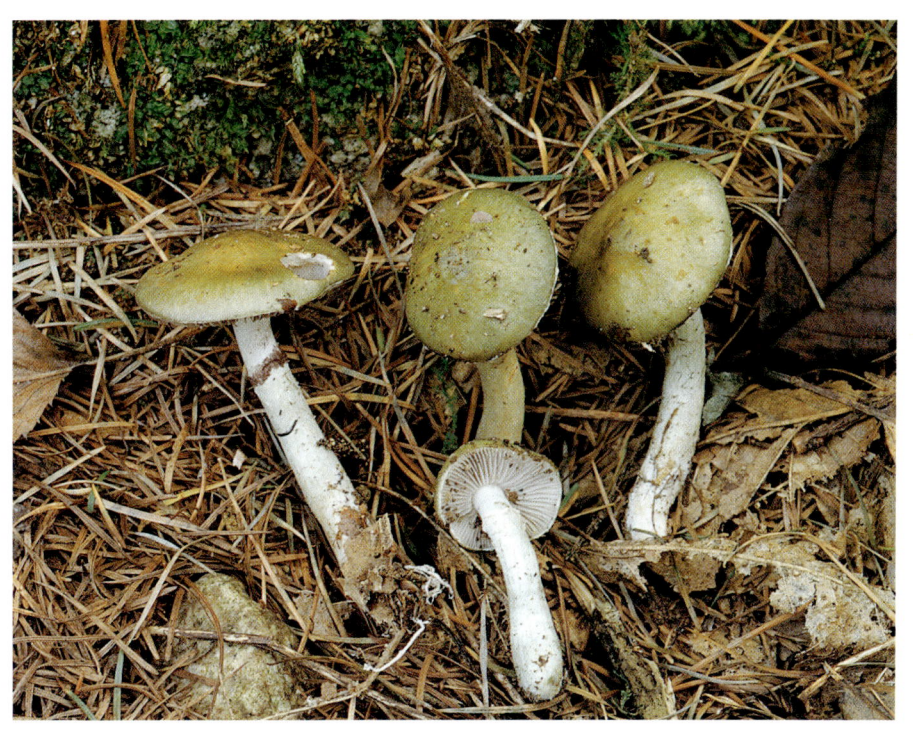

독청버섯

Stropharia aeruginosa (Curt. : Fr.) Quél.

담자균류의 독청버섯과에 속하며 먹을 수 없다.

균모의 지름은 3 내지 7센티미터 정도로 둥근 산 모양을 거쳐 차차 편평하게 된다. 표면은 점액으로 덮이고 백색 솜털 모양의 인편이 산재하며 청록색 또는 녹색에서 황록색으로 되고 마르면 빛이 난다. 살은 백색이다. 주름살은 바른주름실로 회백색에서 지갈색으로 되고 가장자리는 백색이다. 자루의 길이는 4 내지 10센티미터이고 굵기는 4 내지 12밀리미터로 상부가 가늘고 속이 비었으며 기부에 흰 균사 속이 있다. 표면의 상부는 백색이고 하부는 녹색으로 백색 솜털 모양의 인편이 생긴다. 턱받이는 막질이다.

포자의 크기는 7 내지 9마이크로미터, 폭은 4 내지 5마이크로미터이고 난형 또는 타원형이며 포자문은 자갈색이다. 여름에서 초겨울 사이에 각종 숲 속의 습한 땅이나 풀밭에 무리지어 난다.

우리나라에서는 가야산, 모악산 등에서 주로 자생하며 세계적으로는 북반구 일대에 분포한다.

내
장
산

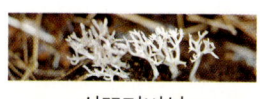

쇠뜨기버섯

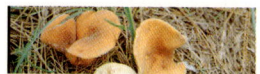

배젖버섯

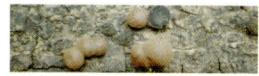

콩버섯

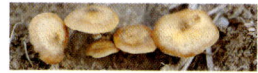

뽕나무버섯

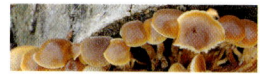

팽나무버섯

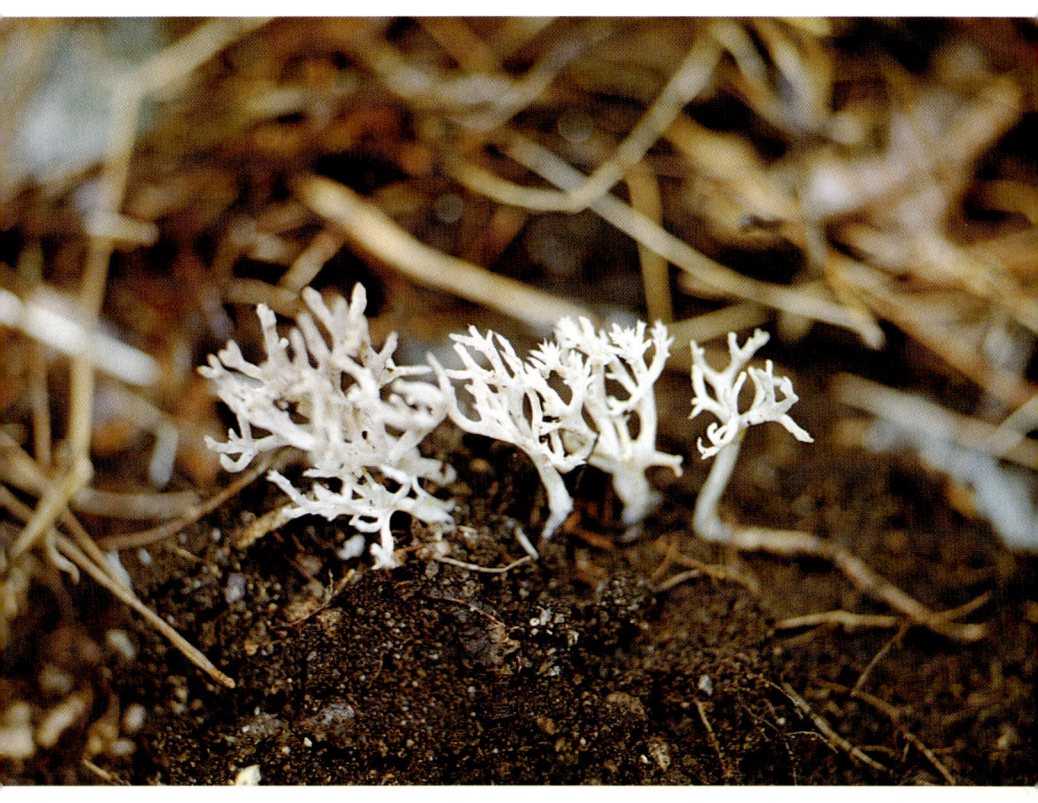

쇠뜨기버섯
Ramariopsis kunztei (Fr.) Donk

담자균류의 싸리버섯과에 속하는 것으로 먹을 수는 없다.

버섯의 높이는 2 내지 12센티미터로 백색 또는 상아색이나 분홍색 또는 살색을 띠기도 한다. 질기고 탄력성이 있지만 쉽게 무서지며 자루와 가지 밑에는 짧은 융털이 나 있다. 자루의 높이는 0.5 내지 2.5센티미터이며 거의 없는 것도 있다. 밑은 황색 또는 분홍색으로 3 내지 5개로 갈라지나 위쪽은 2개로 갈라지고 똑바로 서 있으며 빗자루 모양이다.

포자의 크기는 3 내지 5.5마이크로미터, 폭은 2.3 내지 4.5마이크로미터이다. 넓은 타원형 또는 구형으로 가는 가시와 사마귀가 있으며 1개의 기름 방울을 가진 것도 있다. 여름에서 가을 사이에 숲 속이나 들판 또는 썩은 나무에 발생하는 목재부후균이다.

우리나라에서는 지리산, 백두산 등에 자생하며 세계적으로는 일본, 중국, 유럽, 남북아메리카, 오스트레일리아 등 전세계에 분포한다.

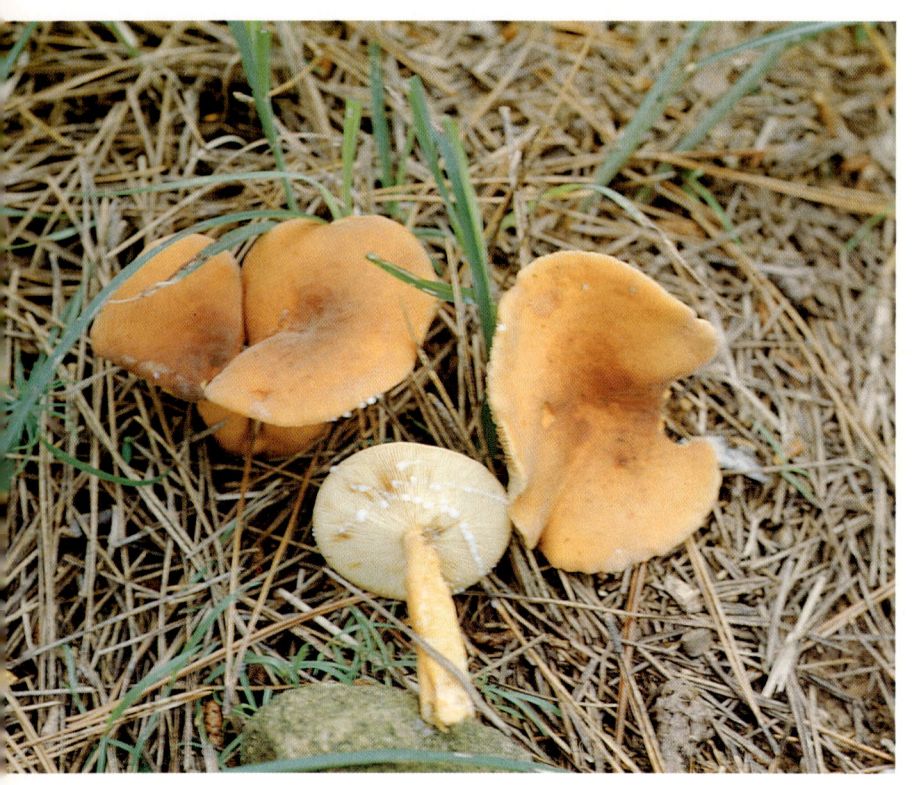

배젖버섯

Lactarius volemus (Fr.) Fr.

담자균류의 무당버섯과에 속하며 먹을 수 있으나 신맛이 난다.

균모의 지름은 5 내지 12센티미터로 가운데가 오목한 둥근 산 모양에서 차차 편평하게 되었다가 낮은 깔대기 모양으로 된다. 매끄럽거나 가루가 있으며 황갈색, 갈오렌지색 또는 벽돌색이다. 주름살은 바른 또는 내린주름살로 백색 또는 연한 황색이고 갈색의 얼룩이 있으며 밀생한다. 자루의 길이는 6 내지 10센티미터이고 굵기는 1.5 내지 3센티미터로 균모와 같은 색이다. 상처를 받으면 다량의 젖이 나오는데 백색에서 차차 갈색으로 변한다.

포자의 크기는 8.5 내지 10.5마이크로미터, 폭은 7.5 내지 9.5마이크로미터로 거의 구형이고 표면에 그물눈이 있으며 아미로이드 반응을 나타낸다. 여름에서 가을 사이에 활엽수림의 땅에 홀로 또는 무리지어 난다.

우리나라에서는 발왕산, 내장산, 무등산, 지리산 등에서 주로 자생하며 세계적으로는 북반구 온대 이북에 분포하는 버섯이다.

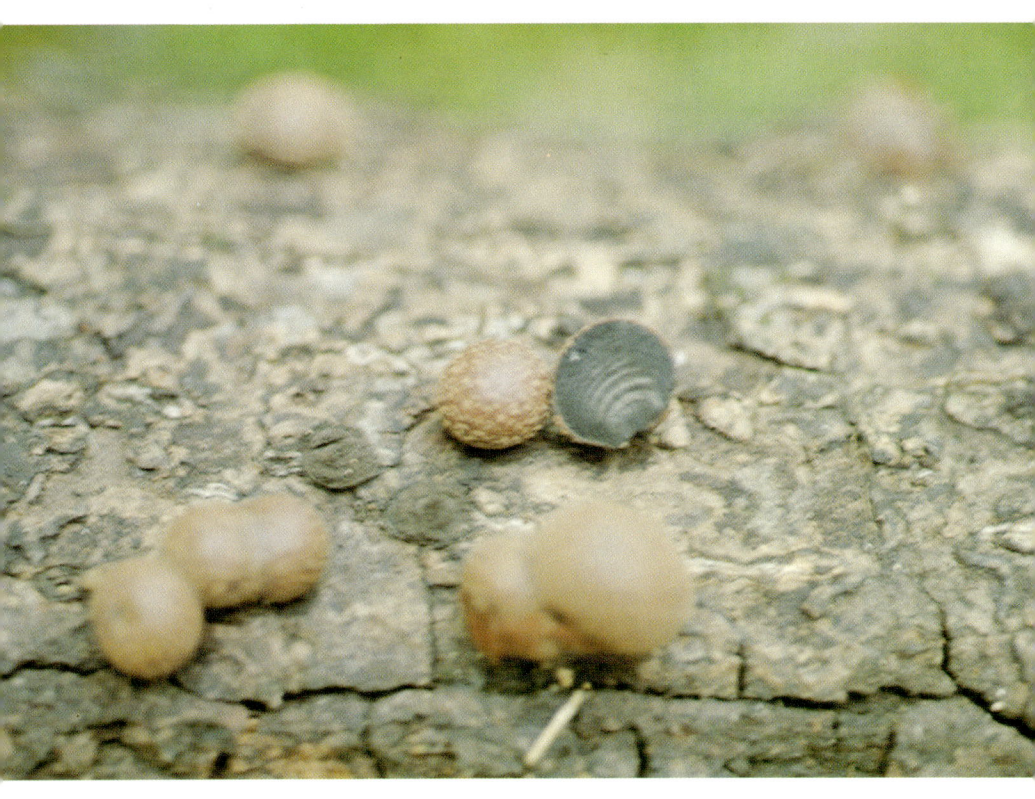

콩버섯

Daldinia concentrica (Bolt.) Ces. & de Not.

자낭균류의 콩꼬투리버섯과에 속하며 먹을 수는 없다.

버섯의 지름은 1 내지 3센티미터로 반구형이며 몇 개씩 모여서 유착하기도 한다. 표면은 흑갈색 또는 흑적색이고 나중에 포자가 방출되어서 달라붙는다. 내부는 회살색 또는 어두운 갈색이고 가는 선이 보이는 섬유질로 되어 있다. 1밀리미터 간격으로 동심원처럼 늘어선 검은 나이테 같은 무늬가 있다. 표층부는 흑색의 목탄질로 단단하고 자낭각이 늘어서 있다. 자낭각은 긴 알 모양이며 구멍이 생기나 돌출하지는 않으며 지름은 약 1밀리미터이다.

포자의 크기는 10 내지 12마이크로미터, 폭은 5 내지 6마이크로미터이고 검은 갈색의 넓은 타원형이며 세로로 발아관이 있다. 자낭에 8개의 자낭포자가 들어 있다. 여름에서 가을 사이에 활엽수의 고목 또는 살아 있는 나무의 껍질에 무리지어 나는 목재부후균이다.

우리나라에서는 백두산, 안마군도, 가야산, 지리산, 발왕산, 소백산, 두륜산, 변산반도, 방태산, 다도해 해상국립공원(금오도, 안도), 주왕산, 내장산 등 전국에 걸쳐 자생하며 전세계적으로 분포하는 버섯이다.

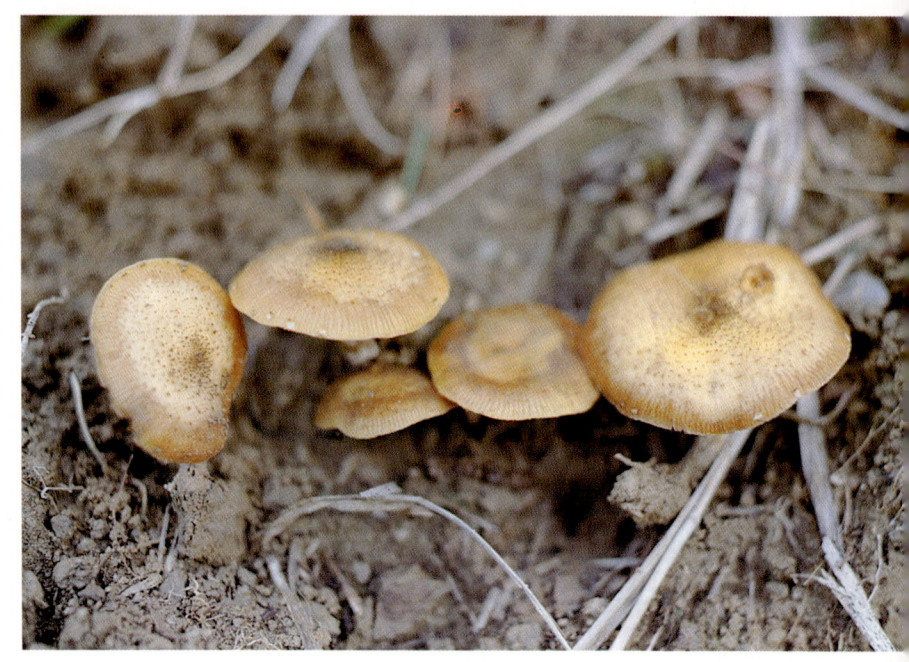

뽕나무버섯

Armillariella mellea (Vahl : Fr.) Karst.

담자균류의 송이과에 속하며 우리나라와 일본에서는 먹으나 유럽과 북아메리카에서는
독버섯으로 취급하여 먹지 않는다.

균모의 지름은 4 내지 15센티미터로 반구형에서 편평하게 되나 가운데는 조금 오목해진
다. 황갈색 또는 갈색인데 가운데는 암색의 가는 인편이 있고 가장자리에는 부채꼴의
줄무늬 선이 있다. 살은 백색 또는 황색이다. 주름살은 백색에 연한 갈색의 얼룩이 있는
바른 또는 내린주름살이다. 자루의 길이는 4 내지 15센티미터이고 굵기는 0.5 내지 1.5
센티미터로 아래가 조금 부풀며 섬유질이고 황갈색이나 아래쪽은 검은색이다. 턱받이는
백황색 막질이며 솜털 조각 같은 것이 붙어 있다.

포자의 크기는 7 내지 8.5마이크로미터, 폭은 5 내지 5.5마이크로미터로 타원형이고 포
자문은 크림색이다. 봄에서 가을 사이에 활엽수와 침엽수의 그루터기나 마른 가지 또는
살아 있는 나무 밑에 무리지거나 뭉쳐서 나는 목재부후균으로 균근을 형성한다.

우리나라에서는 백두산, 두륜산 등에서 주로 자생하며 전세계적으로 분포하는 버섯이다.

팽나무버섯

Flammulina velutipes (Curt. : Fr.) Sing.

담자균류의 송이과에 속하는 우수한 식용균으로 인공 재배되고 있으며 콩나물 모양의 것을 식용으로 팔고 있다.

균모의 지름은 2 내지 8센티미터이며 반구형에서 차차 편평하게 된다. 끈적기가 있고 황색 또는 황갈색이며 가장자리는 연한 색이고 살은 백색 또는 황색이다. 주름살은 백색 또는 연한 갈색이며 올린주름살이고 성기다. 자루의 길이는 2 내지 9센티미터 정도이고 굵기는 2 내지 8밀리미터로 연골질이며 위아래 굵기가 같고, 암갈색 또는 황갈색이며 위쪽은 연한 색이고 짧은 털이 빽빽히 나 있다.

포자의 크기는 5 내지 7.5마이크로미터, 폭은 3 내지 4마이크로미터이고 타원형 또는 원추형 비슷하다. 늦가을에서 봄 사이에 활엽수의 말라 죽은 줄기나 그루터기에 뭉쳐서 나며 눈 속에서도 나는 저온성 버섯으로 목재부후균이다. 눈이 덮인 고목에서도 발생하므로 매우 아름답고 신비스럽게 보인다.

우리나라에서는 모악산, 소백산 등에서 자생하며 전세계의 온대에서 아한대 및 한대에 걸쳐 분포한다.

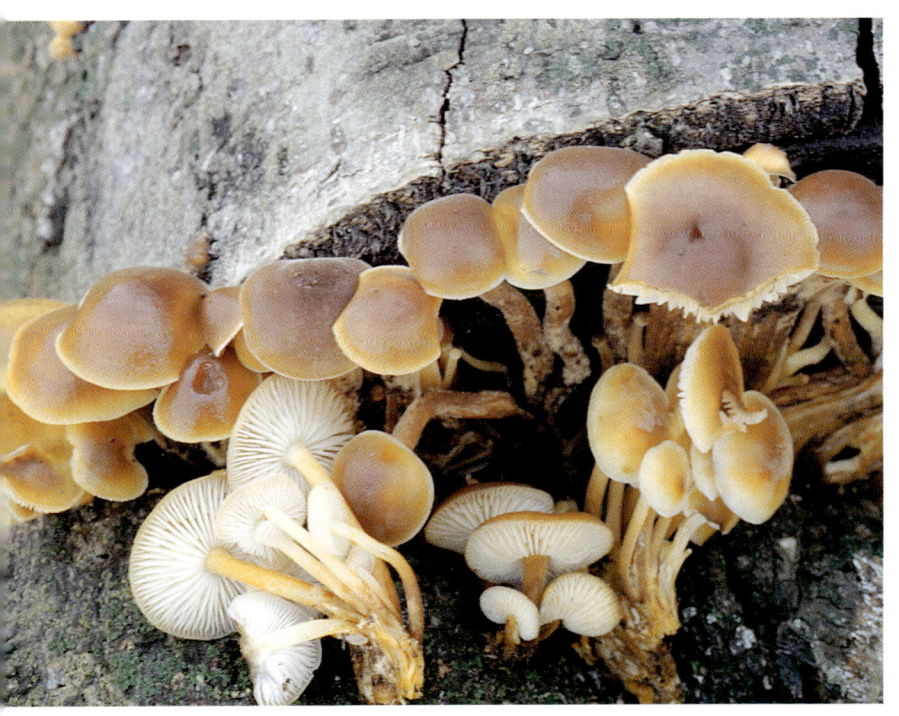

변 산 반 도

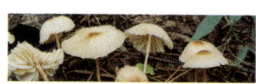

큰낙엽버섯

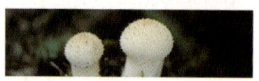

말불버섯

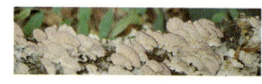

기와옷솔버섯

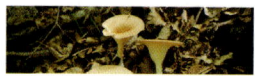

깔때기버섯

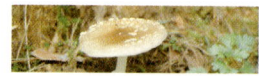

마귀광대버섯

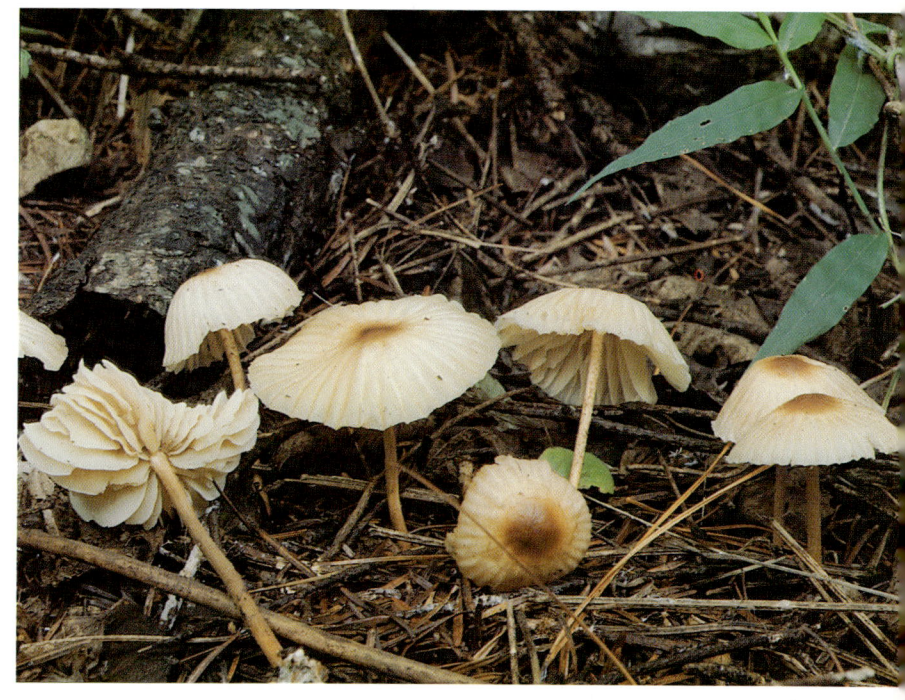

큰낙엽버섯

Marasmius maximus Hongo

담자균류의 송이과에 속하며 먹을 수는 없다.

균모의 지름은 3.5 내지 10센티미터로 종형 또는 둥근 산 모양에서 차차 편평하게 되나 가운데는 볼록하다. 표면은 방사상의 홈 같은 줄무늬가 있고 가죽색 또는 녹색을 띠나 가운데는 갈색이며 마르면 백색이 된다. 살은 얇고 가죽질이다. 주름살은 올린 또는 끝 붙은주름살로 균모보다 연한 색이며 성기다. 자루의 길이는 5 내지 9센티미터 정도이고 굵기는 2 내지 3.5밀리미터로 위아래 크기가 같고 표면은 섬유상이다. 상부는 가루 같은 것이 있고 속은 차 있다.

포자의 크기는 7 내지 9마이크로미터, 폭은 3 내지 4마이크로미터이고 타원형 또는 아몬드형이다. 봄부터 가을 사이에 각종 숲, 죽림, 정원의 낙엽 위 또는 흙에 무리지거나 또는 뭉쳐서 나며 낙엽을 분해하기도 한다.

우리나라에서는 백두산, 월출산, 속리산, 변산반도, 방태산, 만덕산 등에서 자생하며 세계적으로는 일본에 분포한다.

말불버섯

Lycoperdon perlatum Pers.

담자균류의 말불버섯과에 속하며 어릴 때는 먹을 수 있다.

버섯의 높이는 4 내지 5센티미터이며 머리 부분이 둥글게 부푸는데 그 속에서 포자가 만들어진다. 백색에서 회갈색이 되며 뾰족한 알맹이 모양의 돌기가 많이 있다. 내부의 살(기본체, gleba)은 백색인데 포자가 성숙하면 회갈색의 낡은 솜 모양이 된다. 머리 부분은 처음에는 닫혀 있으나 포자가 성숙하면 맨 끝에 작은 구멍이 생겨서 포자를 연기와 같이 내뿜는다. 아래쪽은 원주상으로 되고 내부는 갯솜 모양이다.

포자의 지름은 3.5 내지 5마이크로미터이고 구형이며 연한 갈색이다. 표면에 가는 돌기가 있고 긴 꼬리가 붙어 있는 것도 있다. 여름에서 가을 사이에 길가의 모래땅 또는 숲속이나 풀밭에 무리지어 난다.

우리나라에서는 백두산, 지리산, 속리산, 발왕산, 만덕산, 내장산 등 거의 전국에서 자생하며 전세계적으로 분포하는 버섯이다.

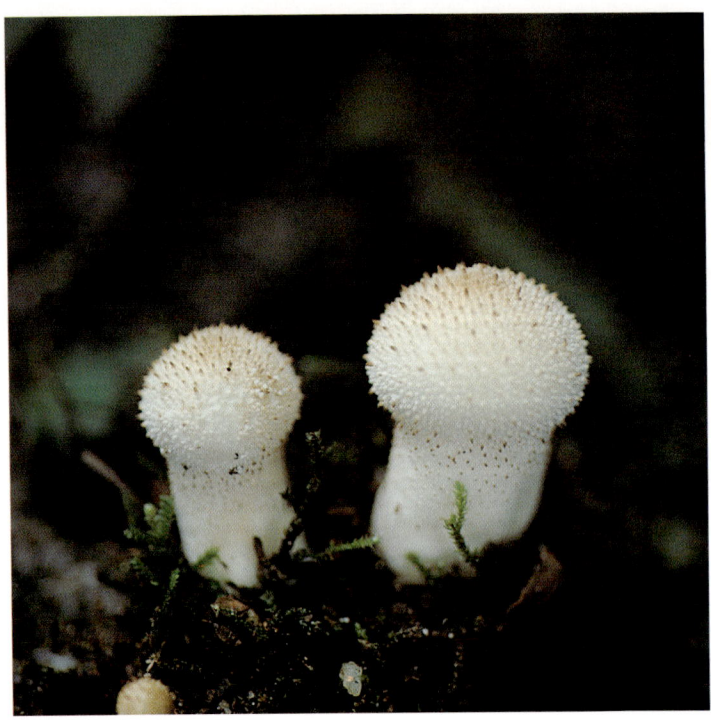
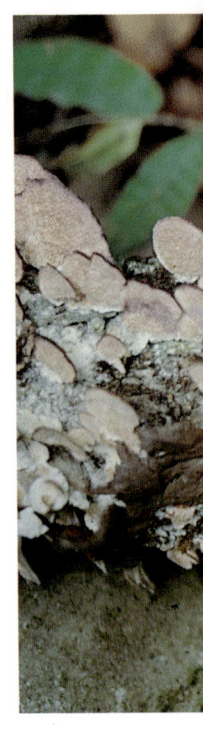

기와옷솔버섯

Trichaptum fuscoviolaceum (Fr.) Ryv.

담자균류의 구멍장이버섯과에 속하며 먹을 수는 없다.

균모의 폭은 1 내지 4센티미터이고 두께는 1 내지 3밀리미터로 얇고 반원형이며 표면은 백색 또는 회백색이다. 거친 털로 덮여 있으며 고리 무늬를 나타내고 가장자리는 톱니 모양이다. 살의 두께는 1밀리미터 정도이다. 하면은 연한 홍자색 또는 연한 오랑캐꽃색이나 퇴색한다. 자실층은 얇은 침 모양의 돌기가 방사상으로 늘어서 있으며 길이는 1 내지 2밀리미터이다. 아교질을 가진 가죽질로 습할 때는 연하고 마르면 단단하다.

포자의 크기는 5 내지 7마이크로미터, 폭은 2마이크로미터로 무색의 긴 타원형이고 표면은 매끄럽다. 침엽수의 고목(소나무 등)에 나며 나무를 분해하여 백색의 가루로 만드는 백색부후균이다. 여러 개가 기왓장 모양으로 중첩하여 발생하는 반배착생 버섯이다. 가끔 이 버섯의 균모 위에 녹조류가 서식하여 푸르게 된 것도 있다.

우리나라에서는 백두산, 지리산, 발왕산, 가야산, 다도해 해상국립공원(금오도, 연도), 변산반도 등 거의 전국에서 자생하며 세계적으로는 일본, 북반구에 분포한다.

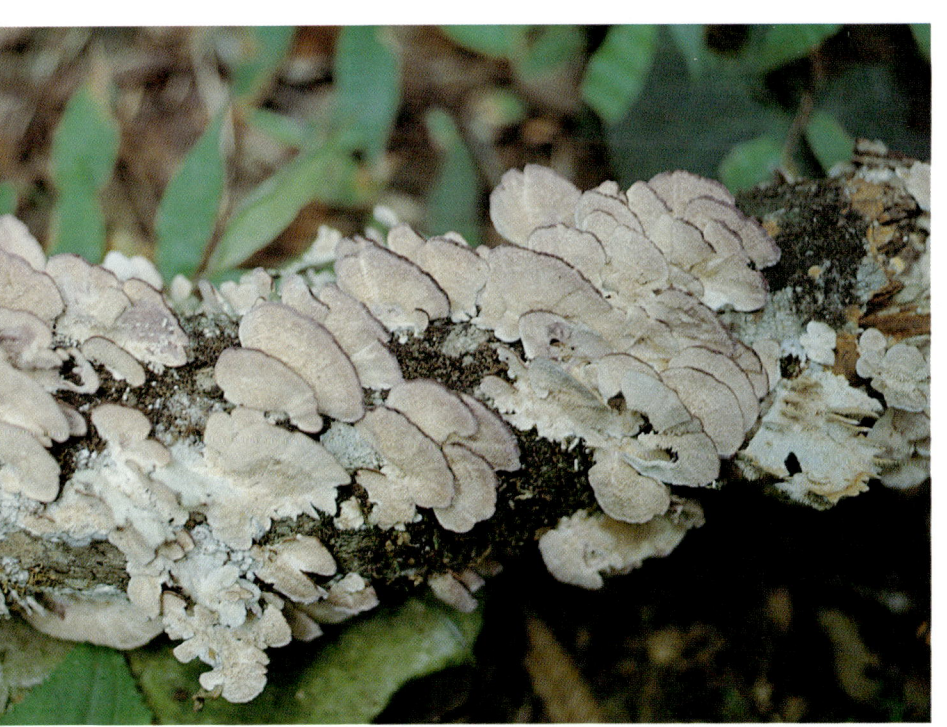

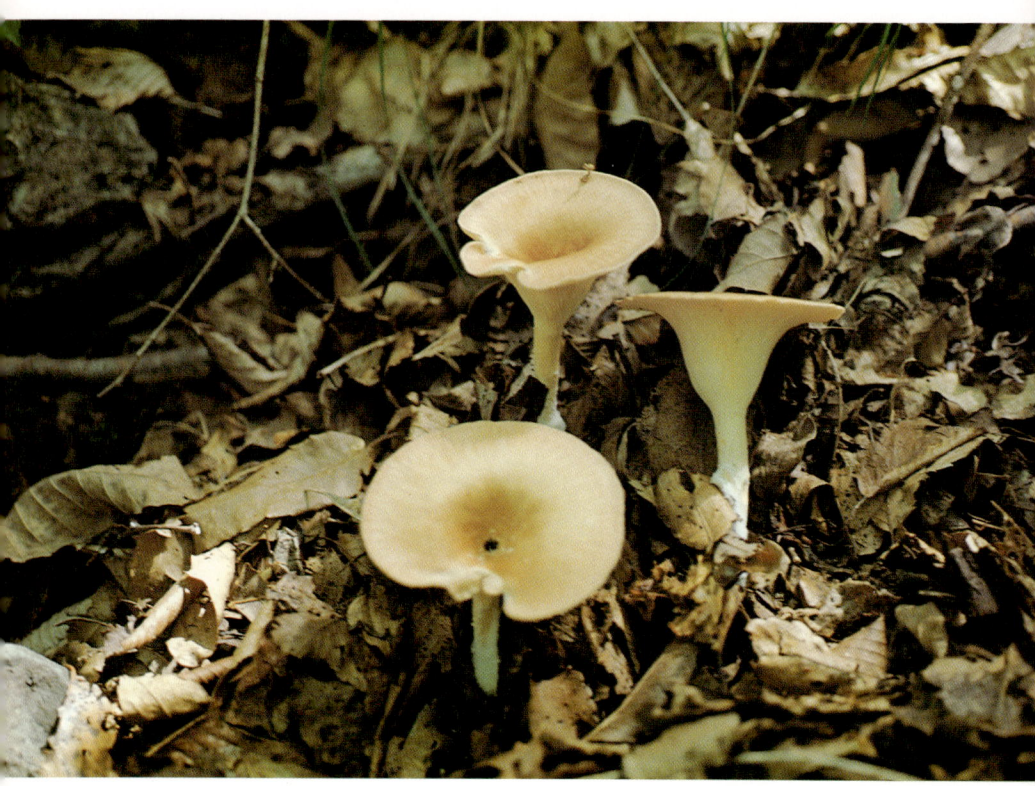

깔때기버섯

Clitocybe gibba (Pers. : Fr.) Kummer

담자균류의 송이과에 속하며 먹을 수 있는 버섯이나 미국과 유럽에서는 독버섯으로 취급한다.

균모의 지름은 2 내지 10센티미터 정도로 가운데가 오목한 둥근 산 모양에서 편평하게 되나 가장자리가 말려서 깔때기 모양으로 된다. 황색, 살색, 연한 적갈색 등으로 매끄럽고 가운데는 가는 인편이 있다. 살은 얇고 백색이며 단단하다. 주름살은 백색이고 내린 주름살이며 밀생한다. 자루는 길이가 2.5 내지 5센티미터이고 굵기는 5 내지 13밀리미터로 균모와 같은 색 또는 연한 색이다. 속이 차 있고 질기며 밑은 흰 솜털로 덮여 있다. 포자의 크기는 6 내지 7.5마이크로미터, 폭은 4 내지 4.5마이크로미터이고 무색의 타원형이다. 여름부터 가을 사이에 낙엽, 풀밭, 돌 틈 사이에 뭉쳐서 또는 무리지어 난다.

우리나라에서는 백두산, 가야산, 발왕산, 두륜산, 변산반도, 방태산 등에서 자생하며 세계적으로는 일본, 중국, 북반구 일대에 분포한다.

마귀광대버섯

Amanita pantherina (DC. : Fr.) Krombh.

담자균류의 광대버섯과에 속하는 독버섯이다. 시골에서는 이 버섯을 밥알과 이겨 놓아 파리를 잡는 데 이용하기도 하므로 파리버섯이라고도 한다.

균모의 지름은 4 내지 25센티미터이고 둥근 산 모양에서 차차 편평하게 되나 가운데는 오목한 편이다. 약간 끈적기가 있고 회갈색 또는 올리브갈색이다. 가장자리는 부챗살 모양의 홈선을 나타내며 백색의 외피막 파편이 흩어져 있다. 주름살은 끝붙은주름살이고 백색이다. 자루의 길이는 5 내지 35센티미터이고 굵기는 0.6 내지 3센티미터로 백색이다. 위쪽에 막질의 턱받이가 있으며 아래쪽에는 인편이 있고 밑은 부풀어 있으며 대주머니의 흔적이 고리 모양으로 남는다.

포자의 크기는 9.5 내지 12마이크로미터, 폭은 7 내지 9마이크로미터로 넓은 타원형이고 비아미로이드 반응을 나타낸다. 여름에서 가을 사이에 침엽수 또는 활엽수림의 느티나무 근처 흙에 홀로 난다.

우리나라에서는 백두산, 안마군도, 월출산, 변산반도, 속리산, 지리산, 가야산, 다도해 해상국립공원(금오도) 등 거의 전국에서 발생하며 세계적으로는 북반구 온대 이북, 아프리카에 분포한다.

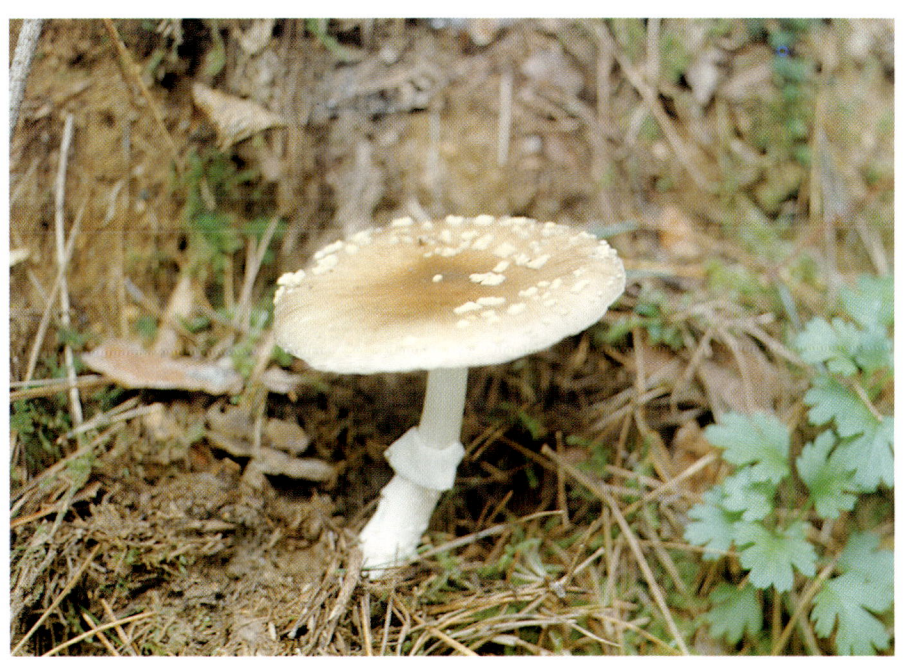

선
운
산

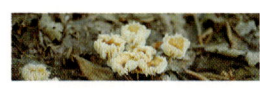

점박이애기버섯

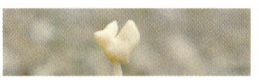

긴대안장버섯

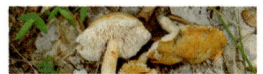

턱수염버섯

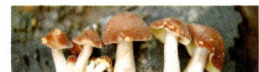

솔버섯

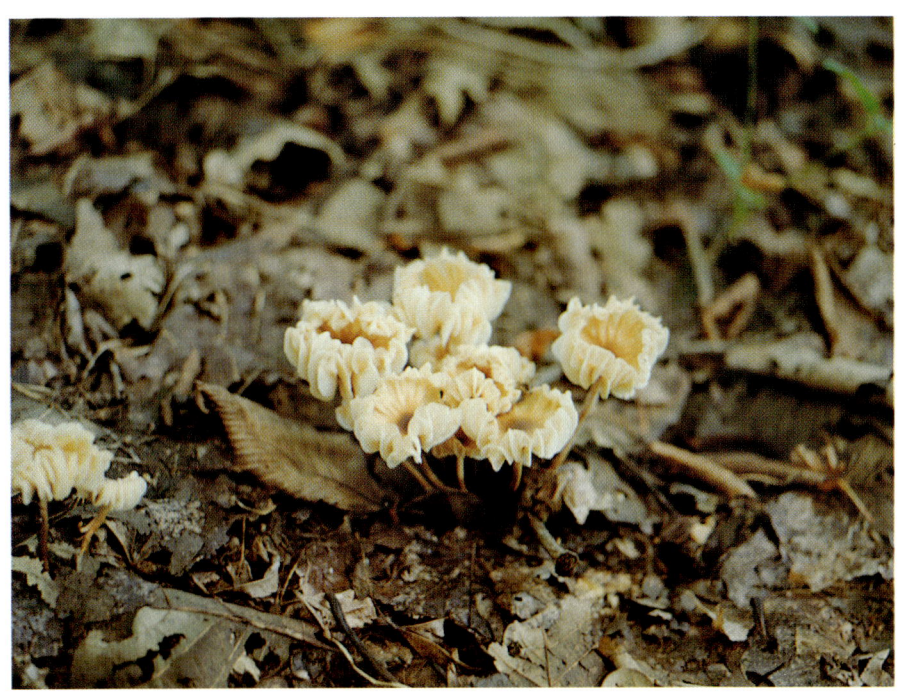

점박이애기버섯

Collybia maculata (Alb. & Schw. : Fr.) Quél.

담자균류의 송이과에 속하며 먹을 수 있다.

균모의 지름은 7 내지 12센티미터로 둥근 산 모양에서 차차 편평하게 된다. 처음에는 버섯 전체가 백색이나 차차 적갈색의 얼룩 또는 적갈색을 나타낸다. 표면은 매끄러우며 가장자리는 처음에는 아래로 말리나 나중에는 위로 말리는 것도 있다. 살은 백색이며 두껍고 단단하다. 주름살은 폭이 좁고 밀생하며 올린 또는 끝붙은주름살인데 가장자리에 가는 톱니가 있다. 자루는 길이 7 내지 12센티미터이고 굵기는 1 내지 2센티미터로 가운데는 굵고 근부 쪽으로 갈수록 가늘다. 표면은 세로선 혹은 세로홈이 있으며 질기고 속은 비어 있다.

포자의 크기는 5.5 내지 6.5마이크로미터, 폭은 4 내지 4.5마이크로미터이고 아구형 또는 타원형이다. 여름에서 가을 사이에 침엽수나 활엽수림의 흙에 홀로 또는 무리지어 난다. 우리나라에서는 백두산, 월출산, 변산반도, 방태산 등에서 자생하며 세계적으로는 북아메리카, 북반구 온대 이북에 분포한다.

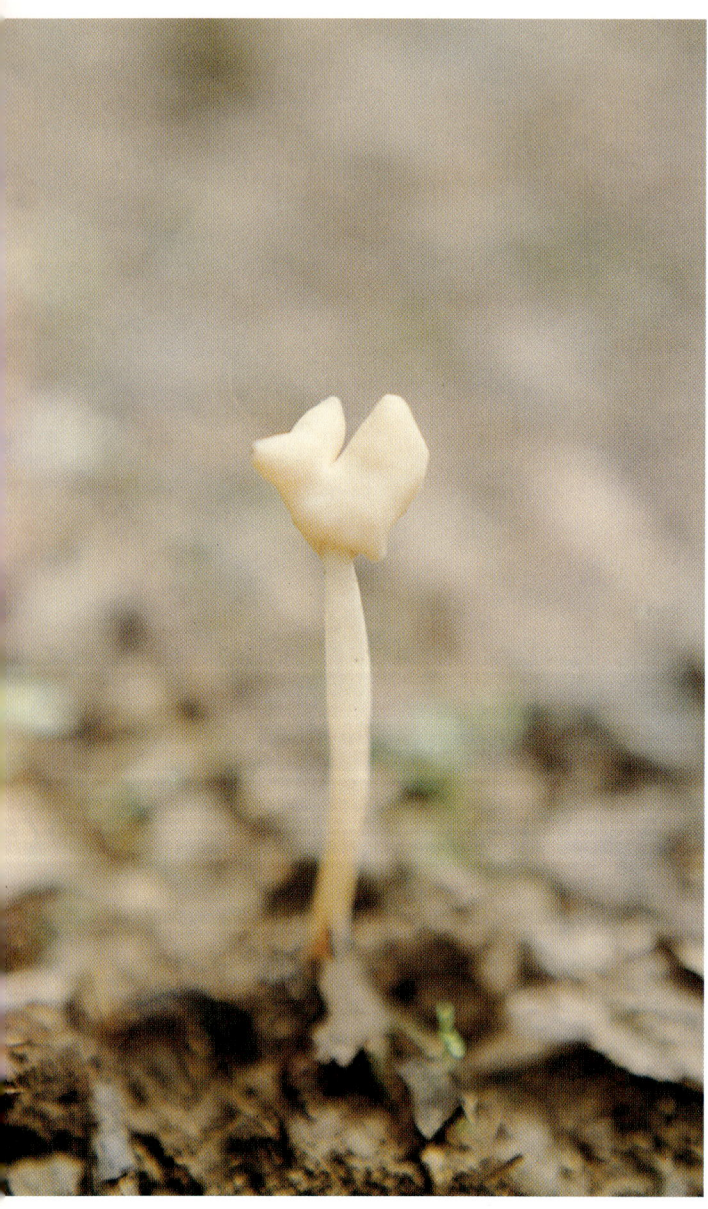

긴대안장버섯

Helvella elastica Bull. : Fr.

자낭균류의 안장버섯과에
속하며 먹을 수 있다.
버섯의 높이는 4 내지 10센
티미터이고 머리 부분은 지
름이 2 내지 4센티미터이며
말 안장 모양의 연한 황회
백색이다. 자루의 굵기는 약
5밀리미터로 원주처럼 가늘
고 길며 홈이 파진 것이 있
고 흰 가루가 붙어 있다.
포자의 크기는 19 내지 22
마이크로미터, 폭은 10 내지
12마이크로미터이고 매우
큰 무색의 타원형이다. 여름
에서 가을 사이에 숲 속의
흙 또는 돌 틈 사이에 홀로
난다.
우리나라에서는 백두산, 월
출산, 덕유산 등에서 주로
자생하며 세계적으로는 일
본, 유럽, 북아메리카 등에
분포한다.

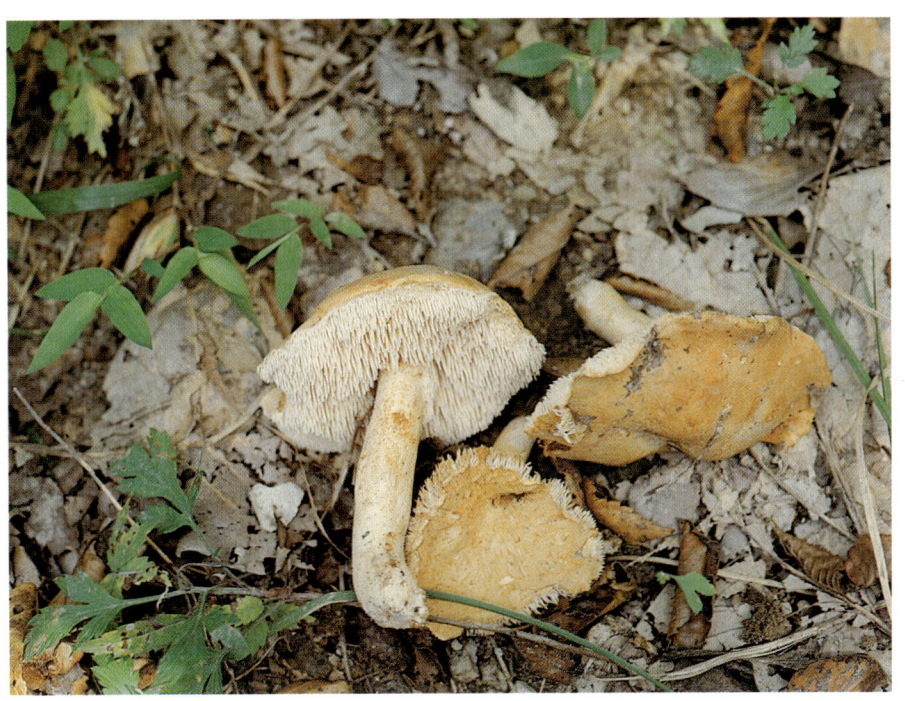

턱수염버섯

Hydnum repandum L. : Fr.

담자균류의 턱수염버섯과에 속하며 먹을 수 있다.

균모의 지름은 5 내지 12센티미터로 둥근 산 모양이나 가운데가 오목하다. 어떤 것은 위로 말려서 평탄하지 않은 곳도 있으며 부서지기 쉽다. 연한 황색인데 건조하면 황갈색으로 되고 매끄럽거나 가는 털이 있으며 물결 모양으로 된다. 살은 백색이며 연하고 두껍다. 자루의 길이는 5 내지 7센티미터이고 굵기는 0.5 내지 1.5센티미터로 백색 또는 균모와 같은 색이며 매끄럽고 속은 차 있으며 부서지기 쉽다. 침의 길이는 1 내지 6밀리미터로 부서지기 쉬우며 밀생하고 송곳 모양이거나 짧은 사마귀형이고 균모와 같은 색이다.

포자의 크기는 7 내지 9마이크로미터, 폭은 6.5 내지 7.5마이크로미터로 거의 구형이고 표면은 매끄럽다. 여름에서 가을 사이에 숲 속의 흙에 무리지어 난다.

우리나라에서는 백두산, 지리산 등에서 자생하며 세계적으로는 일본, 아시아, 유럽, 북아메리카, 오스트레일리아 등에 분포한다.

솔버섯

Tricholomopsis rutilans (Schaeff. : Fr.) Sing.

담자균류의 송이과에 속하는 것으로 먹을 수 있으나 설사를 종종 일으키기도 하는 버섯이다.

균모의 지름은 4 내지 20센티미터이며 종 모양에서 차차 편평하게 된다. 바탕에 암적갈색 또는 암적색의 가는 인편이 빽빽히 분포되어 있으며 연한 가죽과 같은 감촉이 있다. 주름살은 황색이며 밀생하고 가장자리에는 가는 가루가 부착하며 바른 또는 홈파진주름살이다. 자루의 길이는 6 내지 20센티미터이고 굵기는 1 내지 2.5센티미터로 밑이 조금 가늘고 황색 바탕에 적갈색의 가는 인편이 있다.

포자의 크기는 5.5 내지 7마이크로미터, 폭은 4 내지 5.5마이크로미터로 짧은 타원형이다. 여름에서 가을 사이에 침엽수의 그루터기나 썩은 나무에 홀로 또는 뭉쳐서 나는 목재부후균이다.

우리나라에서는 선운산, 백두산, 가야산, 두륜산, 만덕산, 다도해 해상국립공원(금오도) 등에서 발생하며 거의 전세계에서 분포하는 버섯이다.

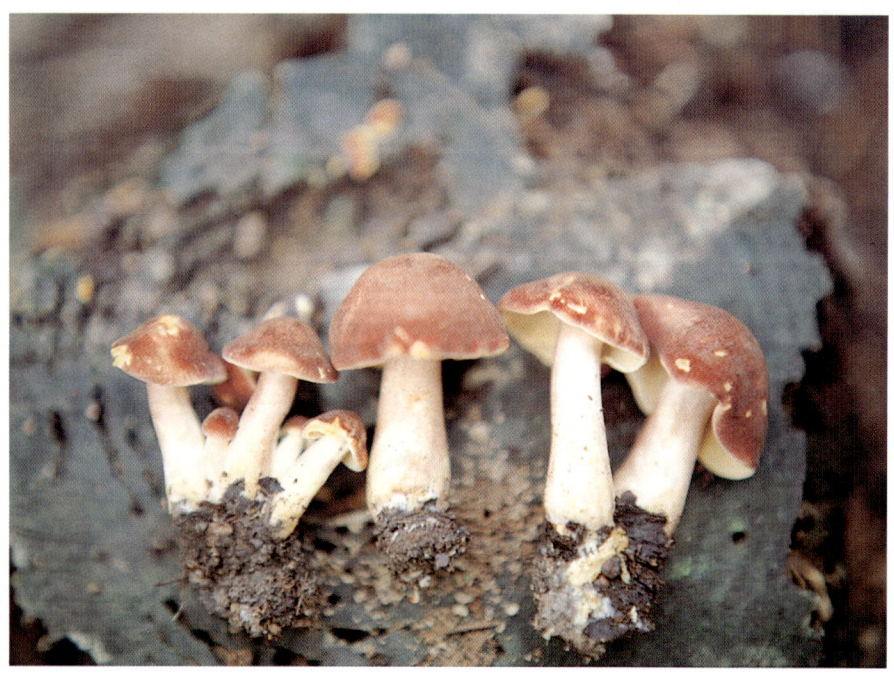

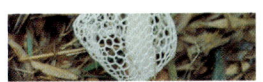

망태버섯

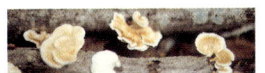

메꽃버섯부치

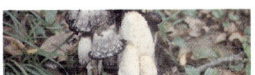

먹물버섯

무 등 산

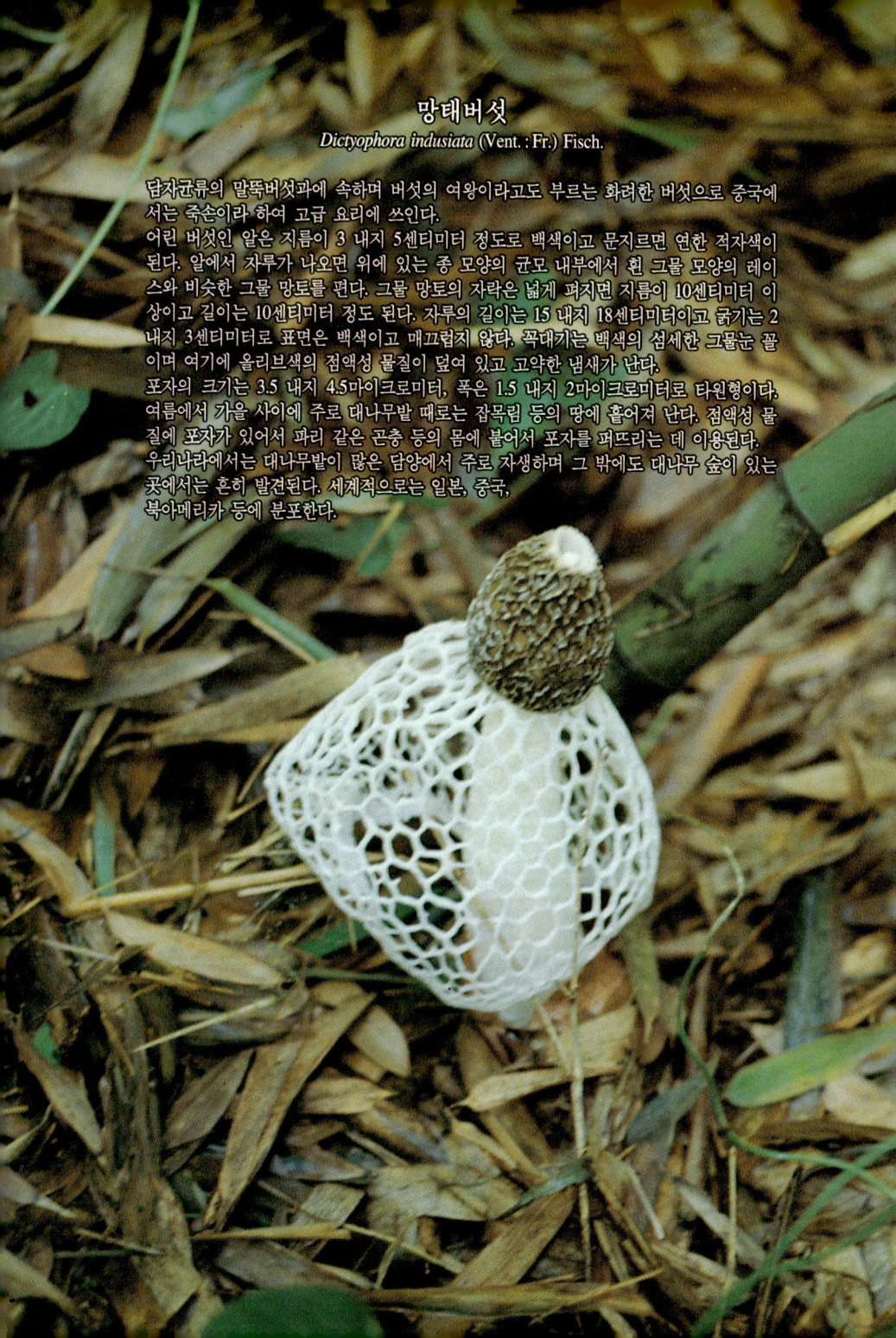

망태버섯
Dictyophora indusiata (Vent. : Fr.) Fisch.

담자균류의 말뚝버섯과에 속하며 버섯의 여왕이라고도 부르는 화려한 버섯으로 중국에
서는 죽손이라 하여 고급 요리에 쓰인다.
어린 버섯인 알은 지름이 3 내지 5센티미터 정도로 백색이고 문지르면 연한 적자색이
된다. 알에서 자루가 나오면 위에 있는 종 모양의 균모 내부에서 흰 그물 모양의 레이
스와 비슷한 그물 망토를 편다. 그물 망토의 자락은 넓게 펴지면 지름이 10센티미터 이
상이고 길이는 10센티미터 정도 된다. 자루의 길이는 15 내지 18센티미터이고 굵기는 2
내지 3센티미터로 표면은 백색이고 매끄럽지 않다. 꼭대기는 백색의 섬세한 그물눈 꼴
이며 여기에 올리브색의 점액성 물질이 덮여 있고 고약한 냄새가 난다.
포자의 크기는 3.5 내지 4.5마이크로미터, 폭은 1.5 내지 2마이크로미터로 타원형이다.
여름에서 가을 사이에 주로 대나무밭 때로는 잡목림 등의 땅에 흩어져 난다. 점액성 물
질에 포자가 있어서 파리 같은 곤충 등의 몸에 붙어서 포자를 퍼뜨리는 데 이용된다.
우리나라에서는 대나무밭이 많은 담양에서 주로 자생하며 그 밖에도 대나무 숲이 있는
곳에서는 흔히 발견된다. 세계적으로는 일본, 중국,
북아메리카 등에 분포한다.

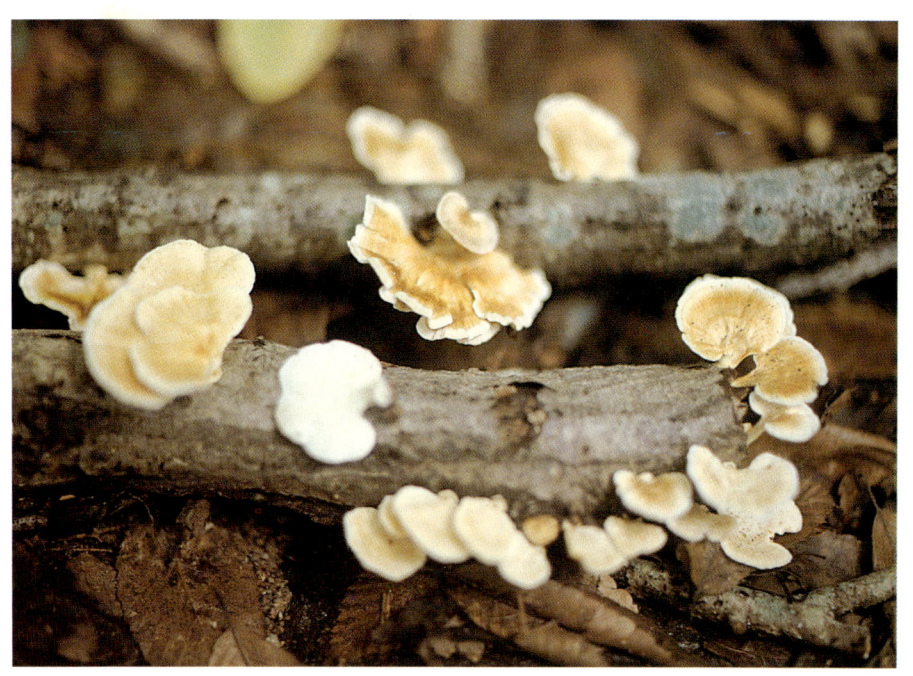

메꽃버섯부치

Microporus vernicipes (Berk.) O. Kuntze

담자균류의 구멍장이버섯과에 속하며 먹을 수는 없다

균모의 폭은 2 내지 6센티미터, 두께는 1 내지 3센티미터로 콩팥형 또는 반원형이고 단단한 가죽질로 옆에 자루가 붙는다. 연한 황백색 또는 크림색이고 매끄럽고 광택이 있으며 희미한 고리 무늬를 나타낸다. 관의 길이는 1밀리미터이고 관공은 아주 작고 연한 나무색이다. 자루의 길이는 0.2 내지 2센티미터이고 굵기는 2 내지 4밀리미터로 측생 또는 준심생이고 단단하다. 표면은 매끄럽고 황토색이며 원반싱의 기부가 나무껍실 변에 붙는다.

포자의 크기는 4 내지 5마이크로미터, 폭은 2마이크로미터로 무색의 긴 타원형이고 표면은 매끄럽다. 1년 내내 활엽수의 마른 가지, 떨어진 나뭇가지에 무리지어 나는 목재부후균이다. 가끔 균모의 색이 백색으로 된 것은 가뭄으로 빛이 바랜 까닭인데 자칫 다른 종으로 착각하기 쉽다.

우리나라에서는 백두산, 지리산, 다도해 해상국립공원(연도), 가야산, 두륜산, 변산반도 등 거의 전국에서 자생하며 세계적으로는 일본, 중국, 열대 지방에 분포한다.

먹물버섯

Coprinus comatus (Müll. : Fr.) Pers.

담자균류의 먹물버섯과에 속하며 어릴 때는 먹을 수 있다.
균모의 지름은 3 내지 5센티미터이고 원주형 또는 긴 알 모양이고 연한 회황색 또는 연한 황토색의 갈라진 인편으로 덮여 있다. 주름살은 백색이나 담홍색을 거쳐 흑색이 되고 가장자리부터 검은 잉크처럼 녹으며 떨어진주름살이다. 자루의 길이는 15 내지 25센티미터 정도이고 굵기는 0.8 내지 1.5센티미터로 백색이며 속은 비었고 위아래로 움직이는 턱받이가 있으며 밑은 방추형으로 부푼다.
포자의 크기는 12에서 15마이크로미터, 폭은 7 내지 8마이크로미터로 타원형에 흑황색이며 발아공이 있다. 발생은 봄에서 가을 사이에 풀밭, 밭, 정원, 길가 등에 무리지어 난다. 가끔 오래된 아스팔트를 뚫고 올라오는 것도 있다.
우리나라에서는 주왕산, 모악산, 무등산 등에서 자생하며 거의 전세계에 분포한다.

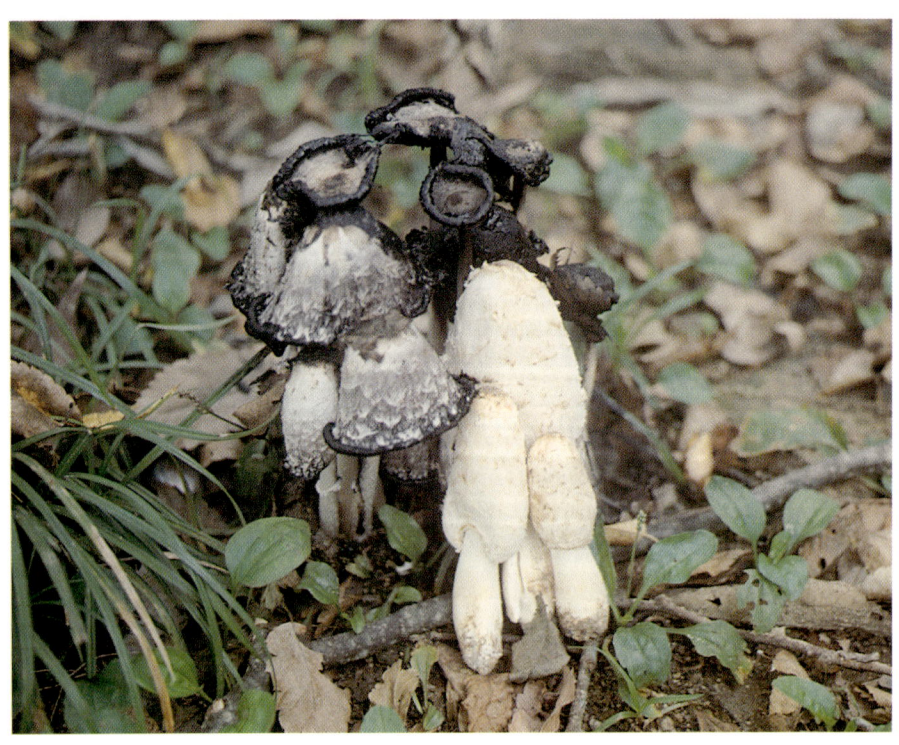

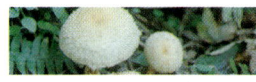

비늘버섯

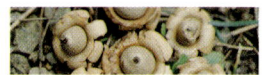

목도리방귀버섯

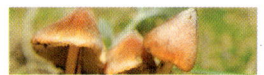

붉은산벚꽃버섯

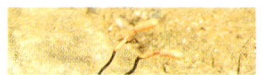

노린재동충하초

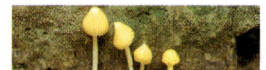

노란꼭지외대버섯

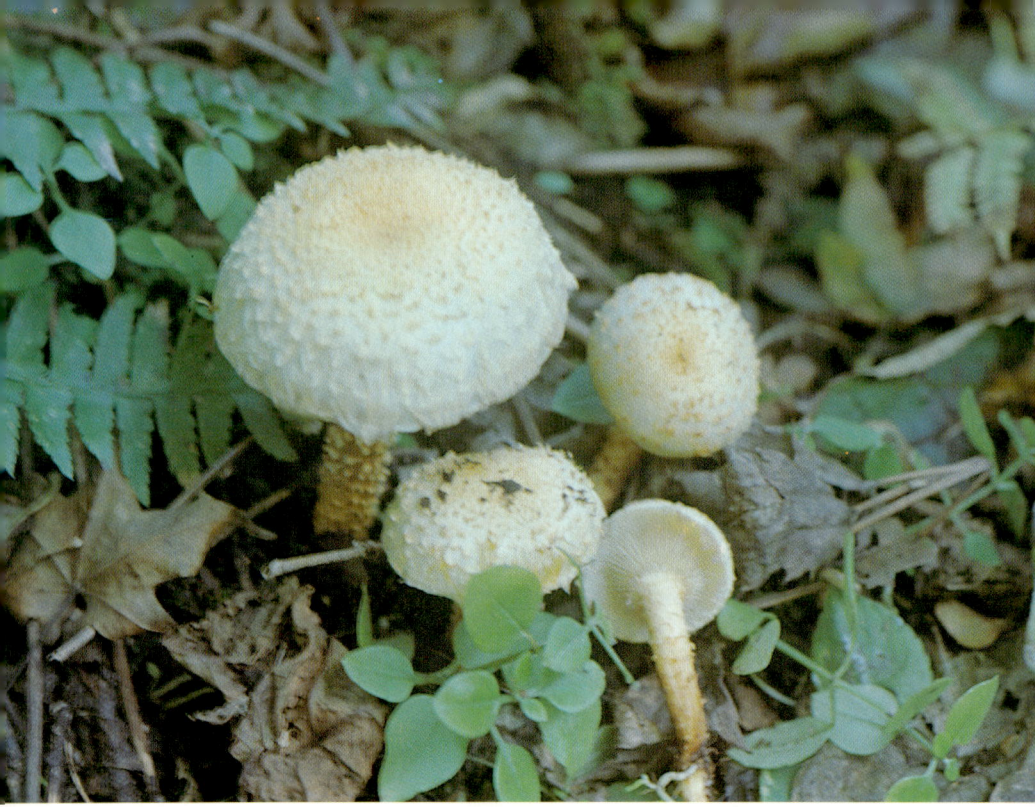

비늘버섯

Pholiota squarrosa (Fr.) Kummer

담자균류의 독청버섯과에 속하며 먹을 수는 있으나 사람에 따라서는 중독(소화기 장애)을 일으키므로 먹지 않는 것이 좋다.

균모의 지름은 5 내지 10센티미터 정도로 원추형 또는 반구형에서 둥근 산 모양을 거쳐 차차 편평하게 되나 가운데는 볼록하다. 표면은 연한 황갈색, 적갈색의 거칠게 갈라진 인편으로 덮여 있고 살은 등황색이다. 주름살은 바른주름살로 녹황색에서 갈색으로 된다. 자루의 길이는 5 내지 12센티미터이고 굵기는 1 내지 1.5센티미터로 하부는 가늘며 상부에 섬유질의 갈라진 턱받이가 있는데 그 아래는 균모와 같은 색이며 인편으로 덮여 있다.

포자의 크기는 6 내지 8마이크로미터, 폭은 3.5 내지 5마이크로미터로 타원형이며 포자문은 녹슨 갈색이다. 여름에서 가을 사이에 각종 살아 있는 고목의 줄기 밑동이나 그루터기에 뭉쳐서 나는 목재부후균이다.

우리나라에서는 월출산, 소백산, 지리산 등에서 자생하며 세계적으로는 북반구 온대에 분포한다.

목도리방귀버섯

Geastrum triplex (Jungh.) Fisch.

담자균류의 방귀버섯과에 속하며 먹을 수는 없다.

버섯의 지름은 3 내지 4센티미터로 부리 모양에서 뾰족한 구슬 모양으로 바뀌며 다시 바깥쪽의 껍질은 5 내지 7조각으로 갈라져 별 모양으로 퍼지고 기본체가 들어 있는 공 모양의 내피를 노출한다. 갈라진 외피는 2층으로 되어 있는데 바깥층은 얇은 피질이고 안층은 두꺼운 육질로 껍질이 뒤집힐 때 고리 모양으로 갈라져서 접시를 만들고 공 모양의 내피를 올려 놓은 모양이 된다. 내피는 둥근 잎을 꼭대기에 가졌으며 잎은 섬유상 막과 얇고 둥근 홈으로 둘러싸여 있다.

포자의 지름은 4 내지 6마이크로미터로 연한 갈색의 구형이며 표면에 사마귀점이 있다. 가을에 숲 속 낙엽이 쌓인 땅에 무리지어 난다.

우리나라의 내장산, 모악산 등 전국에 분포하는 전세계적인 버섯이다.

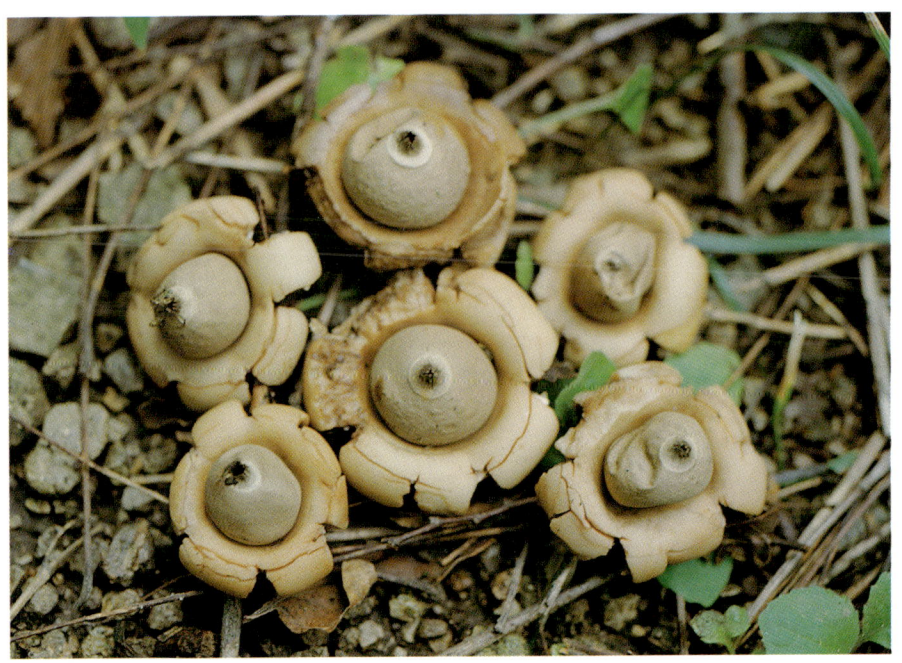

붉은산벚꽃버섯

Hygrocybe conica (Scop.: Fr.) Kummer

담자균류의 벚꽃버섯과에 속하며 먹을 수 있는 버섯이다.

균모의 지름은 1.5 내지 4센티미터로 원추형에서 차차 편평해진다. 물기가 있을 때 끈적기가 있으며 적색, 등색, 황색 등이지만 만지거나 오래되면 흑색으로 변한다. 주름살은 연한 황색이고 끝붙은주름살이다. 자루의 길이는 5 내지 10센티미터이고 굵기는 0.4 내지 1센티미터로 황색 또는 등색에서 차차 흑색으로 변하며 섬유상의 세로줄이 있다.

포자의 크기는 10 내지 14.5마이크로미터, 폭은 5 내지 7마이크로미터로 넓은 타원형이다. 여름에서 가을 사이에 풀밭, 길가, 숲 속, 대나무밭 등의 땅에 홀로 난다. 우리나라에서는 백두산, 속리산, 주왕산, 가야산 등에서 자생하며 전세계적으로 분포하는 버섯이다.

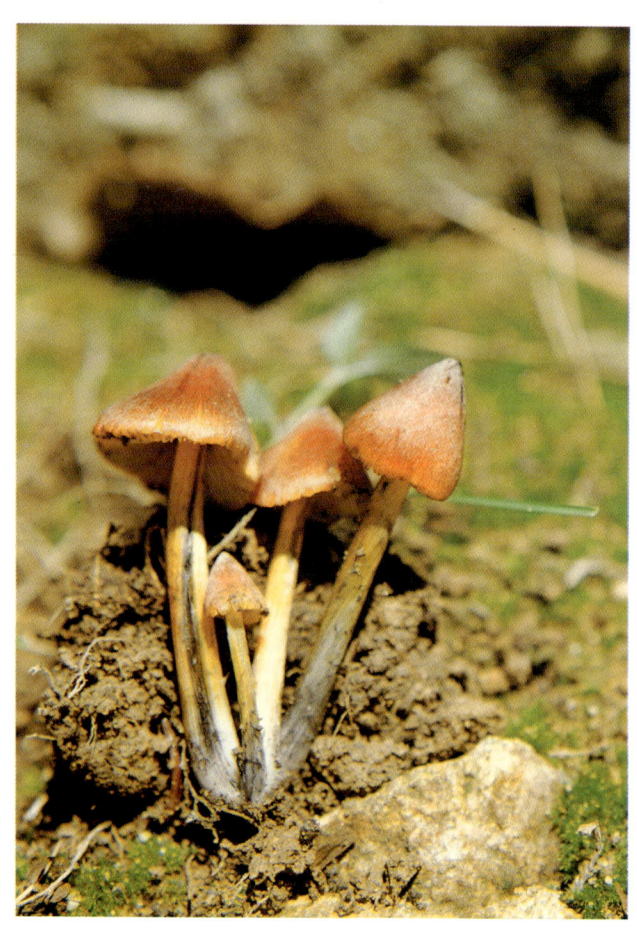

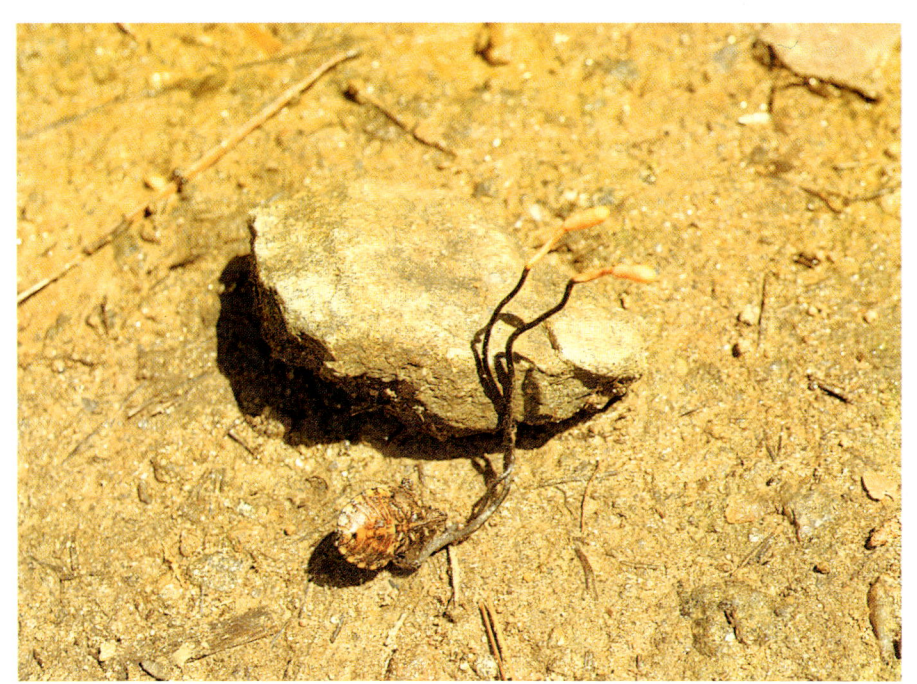

노린재동충하초

Cordyceps nutans Pat.

자낭균류의 동충하초과에 속하며 한약에서는 강장제로 쓰이는 버섯이다.

버섯은 노린재의 죽은 성충에 기생하는 것으로 두부와 자루로 나뉜다. 두부의 크기는 5 내지 6센티미터, 폭은 1.5 내지 2밀리미터로 등황색의 긴 타원형이며 표면은 매끄럽다. 자루의 길이는 4 내지 15센티미터이고 굵기는 0.5 내지 1밀리미터이다. 위쪽은 연한 황갈색이고 아래쪽은 흑색으로 반짝이며 단단한 철사 모양으로 두부의 목에서 구부러진다. 포자의 크기는 6.5 내지 10마이크로미터, 폭은 1.4 내지 1.6마이크로미터로 원주형이다. 여름에서 가을 사이에 숲 속의 죽은 노린재 가슴 부위에 1개 또는 간혹 2개가 나며 한약 재료로 쓰인다. 머리 부분이 발달되지 않은 것은 불임성이다.

우리나라에서는 지리산, 월출산, 가야산, 속리산, 소백산 등에서 자생하며 세계적으로는 일본, 중국, 유럽, 북아메리카 등에 분포한다.

노란꼭지외대버섯

Entoloma murraii (Berk. & Curt.) Sacc. = *Rhodophyllus murraii* (Berk. & Curt.) Sing.

담자균류의 외대버섯과에 속하며 먹을 수는 없고 버섯 전체가 황색이다.
균모의 지름은 1 내지 6센티미터로 원추형 또는 원추상의 종 모양이며 가운데에 연필심
과 같은 돌기가 있고 물기가 있을 때 가장자리에 줄무늬 선이 나타난다. 주름살은 백색
에서 살색으로 되며 폭이 넓고 바른 또는 올린주름살이며 조금 성기다. 자루의 길이는
3 내지 10센티미터정도이고 굵기는 2 내지 4밀리미터로 섬유상이며 속은 비었다.
포자의 크기는 10 내지 12.5마이크로미터로 4각형(정육면체)이다. 발생은 여름에서 가을
사이에 숲 속의 흙에 무리짓거나 흩어져서 난다.
우리나라에서는 지리산, 발왕산, 방태산, 다도해 해상국립공원(금오도) 등에서 자생하며
세계적으로는 일본, 러시아, 보르네오, 북아메리카(동부)에 분포한다.

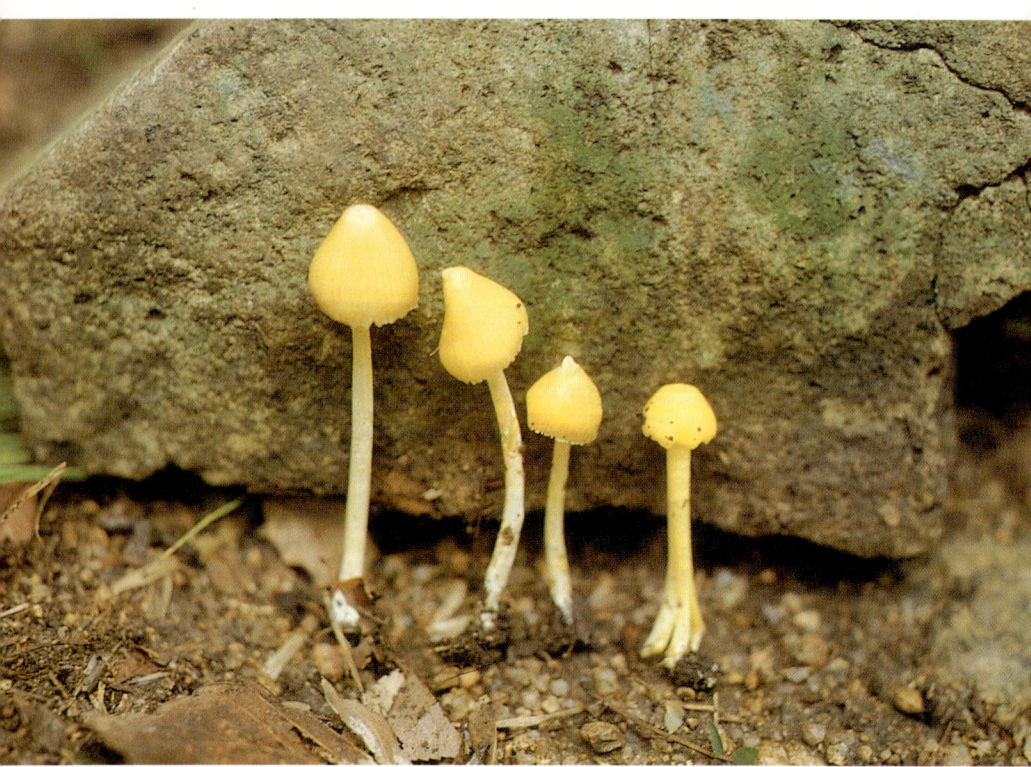

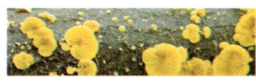

노란귀버섯

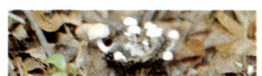

덧부치버섯

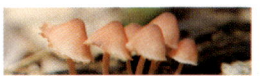

적갈색애주름버섯

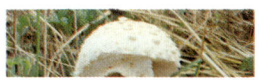

큰갓버섯

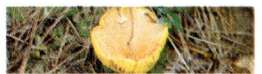

노란길민그물버섯

노란귀버섯
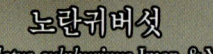
Crepidotus sulphurinus Imaz. & Yoki

담자균류의 귀버섯과에 속하며 먹을 수는 없다.
균모의 지름은 0.5 내지 3센티미터이고 부채 또는 콩팥 모양이며 가장자리는 파도 모양
이다. 황색 또는 황갈색의 거친 털이 빽빽히 나 있고 살은 황갈색이다. 주름살은 황색
또는 연한 황색에서 회색 또는 갈색으로 되고 바른 또는 올린주름살이다. 자루는 없거
나 짧은 측생이다.

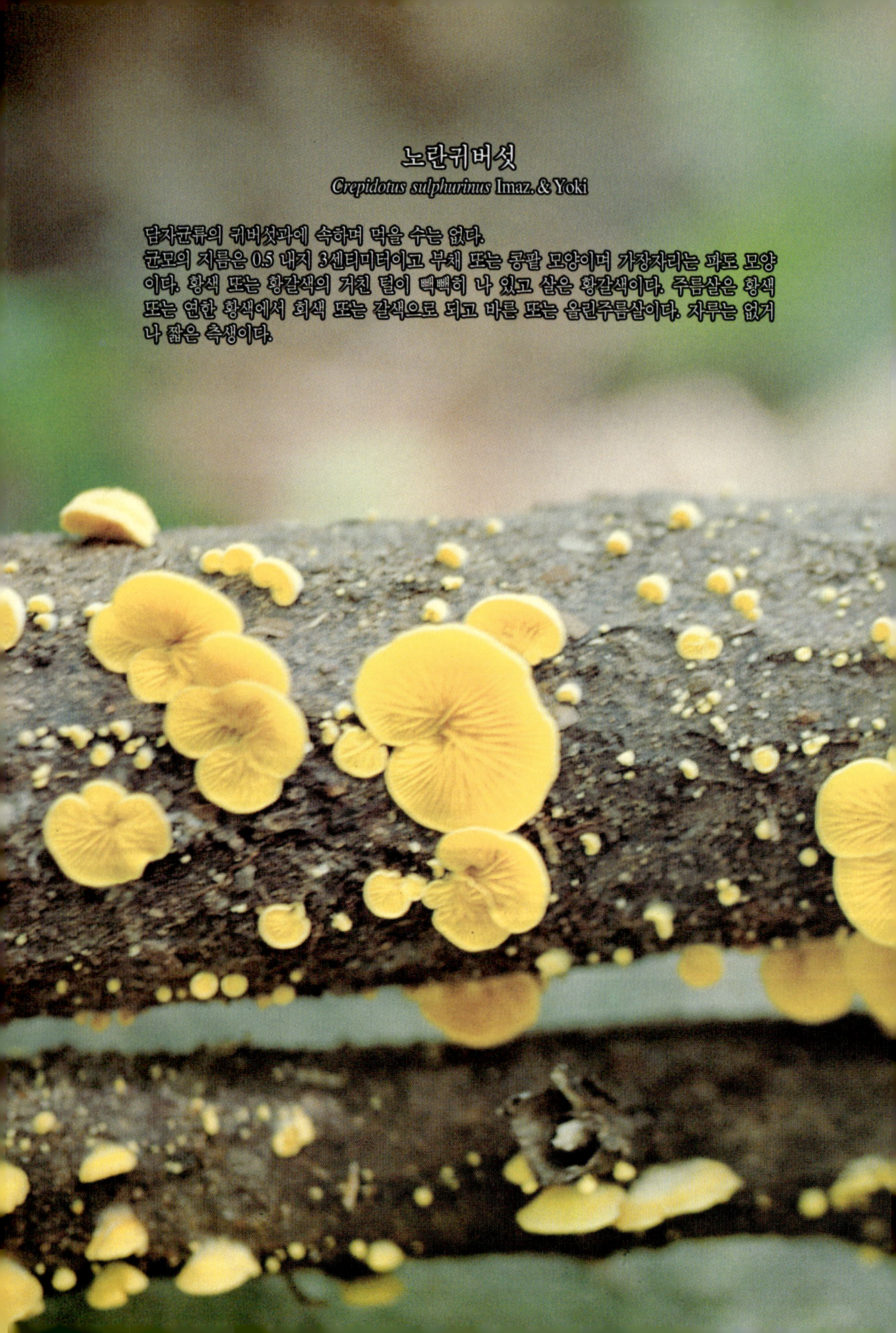

포자의 크기는 9 내지 10마이크로미터, 폭은 8 내지 8.5마이크로미터로 공 모양이고 표면에 돌기가 나 있다. 여름부터 가을 사이에 활엽수의 죽은 나뭇가지에 여러 개가 겹쳐서 발생하는 목재부후균으로 목재를 썩힌다.
우리나라에서는 백두산, 만덕산 등 거의 전국에서 자생하며 세계적으로는 일본에 분포한다.

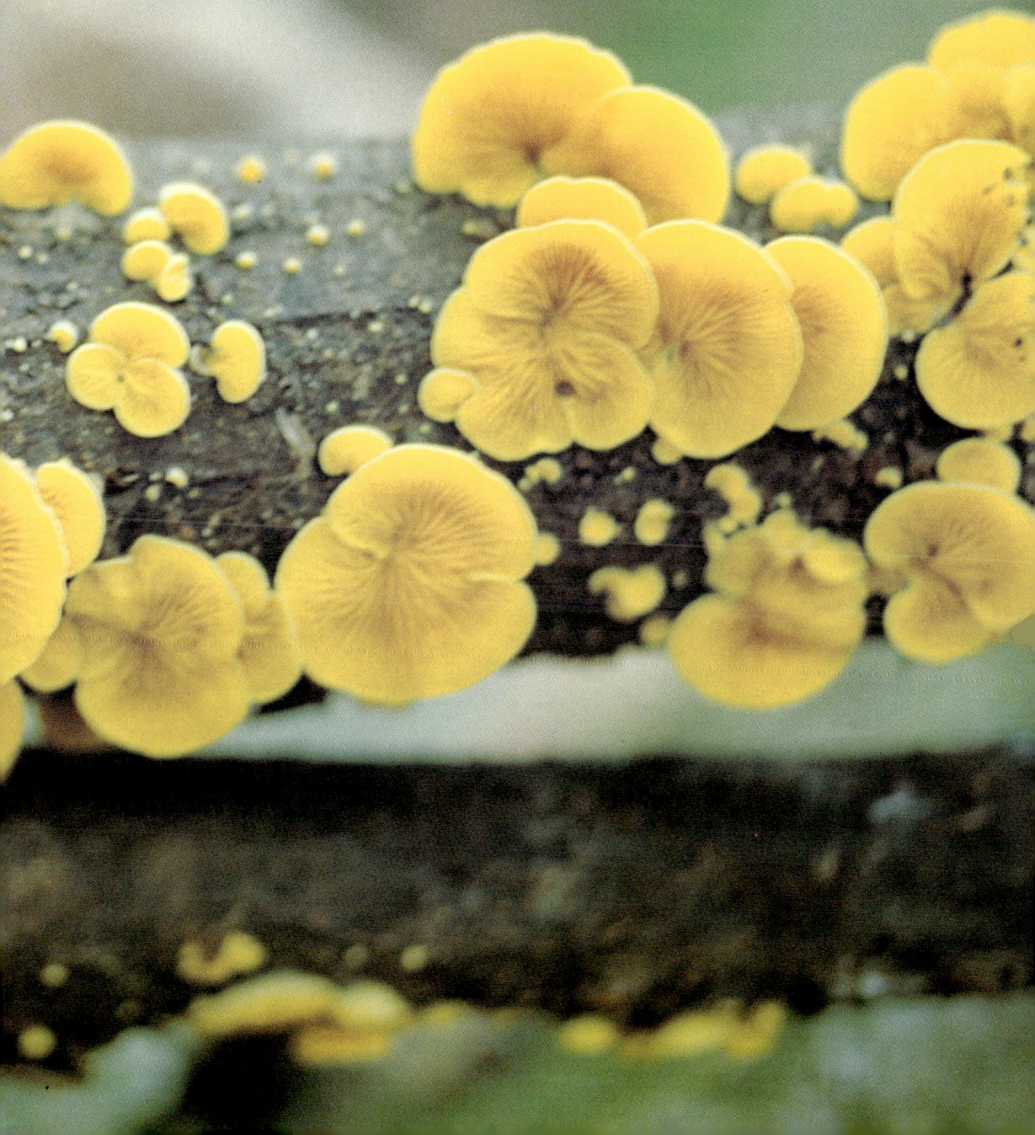

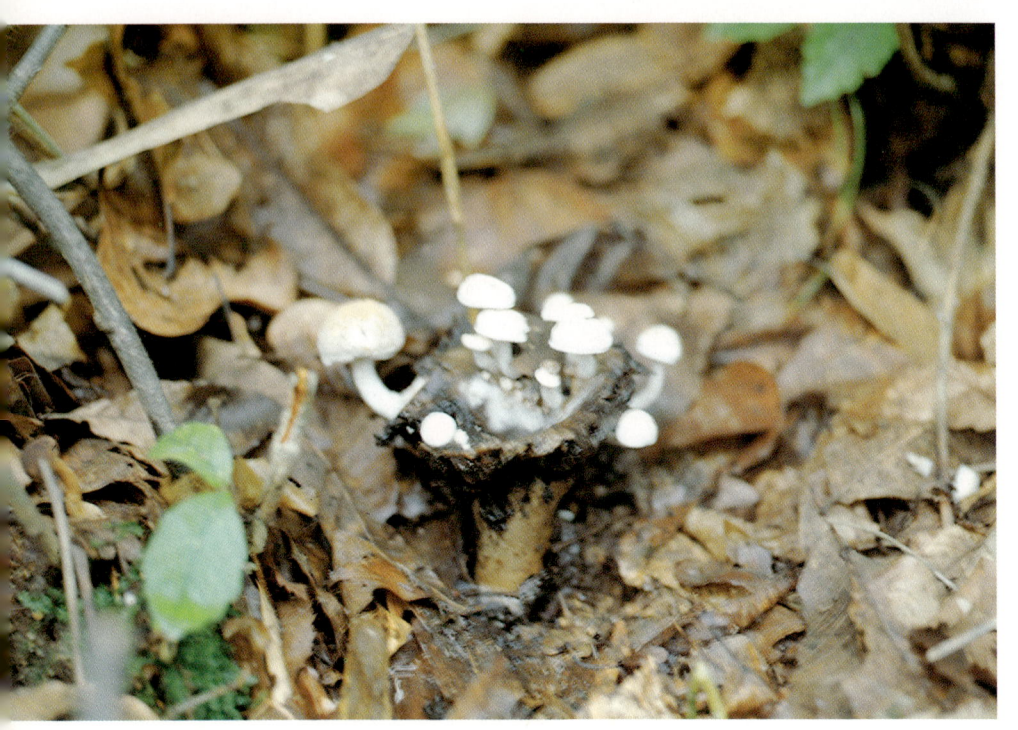

덧부치버섯

Asterophora lycoperdoides (Bull.) Ditm. : Fr.

담자균류의 송이과에 속하며 먹을 수는 없다.

균모의 지름은 4 내지 22밀리미터로 표면은 백색이나 성숙하면 중앙부에서 진흙갈색의 가루 덩이로 변한다. 이것은 균모의 살이 차차 후막포자로 변성되기 때문이다. 주름살은 두껍고 백색이다. 자루의 길이는 0.5 내지 6센티미터이고 굵기는 1.5 내지 4밀리미터로 백색이고 기부는 갈색이나 때로는 자루가 없는 것도 있다.

포자의 크기는 3.5 내지 4.5마이크로미터, 폭은 2.5 내지 3.5마이크로미터이고 타원형 또는 난형이고 표면은 매끄럽다. 후막포자는 별 모양이고 돌기가 있으며 지름은 16.5 내지 21마이크로미터이다. 여름부터 가을 사이에 절구버섯, 애기무당버섯, 굴털이, 흑갈색무당버섯, 푸른주름웅단젖버섯 등의 늙은 버섯 위에 기생한다. 분해자인 버섯에 기생하는 독특한 종류이다.

우리나라에서는 백두산, 월출산, 무등산, 만덕산 등에서 자생하며 세계적으로는 북반구 일대에 분포한다.

적갈색애주름버섯

Mycena haematopoda (Pers. : Fr.) Kummer

담자균류의 송이과에 속하며 먹을 수는 없다.

균모의 지름은 1 내지 3.5센티미터로 종형이고 갈적색 또는 연한 적자색이며 부챗살 모양의 줄무늬가 있고 가장자리는 톱니 모양이다. 주름살은 백색에서 살색 또는 연한 적자색으로 되며 내린 모양의 바른주름살이다. 자루의 길이는 2 내지 13센티미터이고 굵기는 1.5 내지 3밀리미터로 균모와 같은 색인데, 상처를 입으면 암혈홍색의 액체가 스며 나온다.

포자의 크기는 7.5 내지 10마이크로미터, 폭은 5 내지 6.5마이크로미터이고 무색의 넓은 타원형이다. 여름부터 가을 사이에 활엽수의 썩은 나무나 그루터기에 무리를 지어 나거나 뭉쳐서 난다. 가끔 이 버섯의 균모는 자루 위에 곰팡이가 마치 많은 바늘을 꽂아 놓은 것처럼 나서 아름다운 모양을 나타내는 때도 있다.

우리나라에서는 백두산, 월출산, 소백산, 지리산 등에 분포하는 전세계적인 버섯이다.

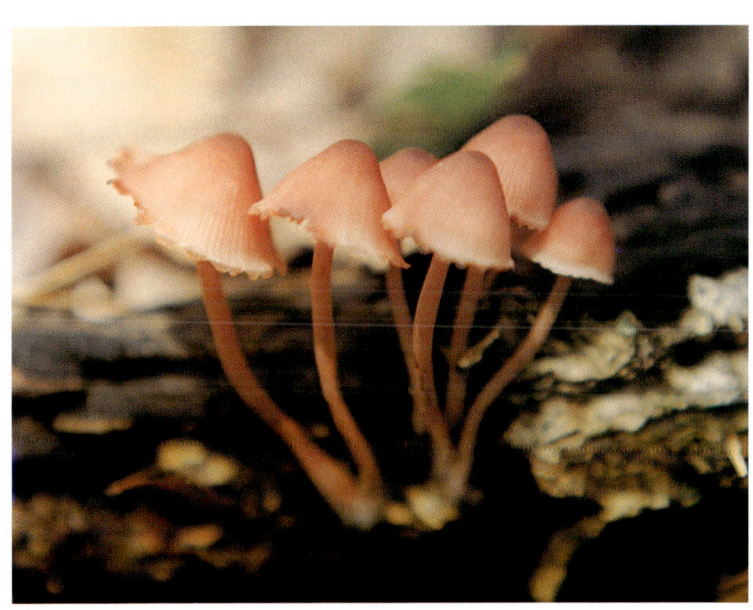

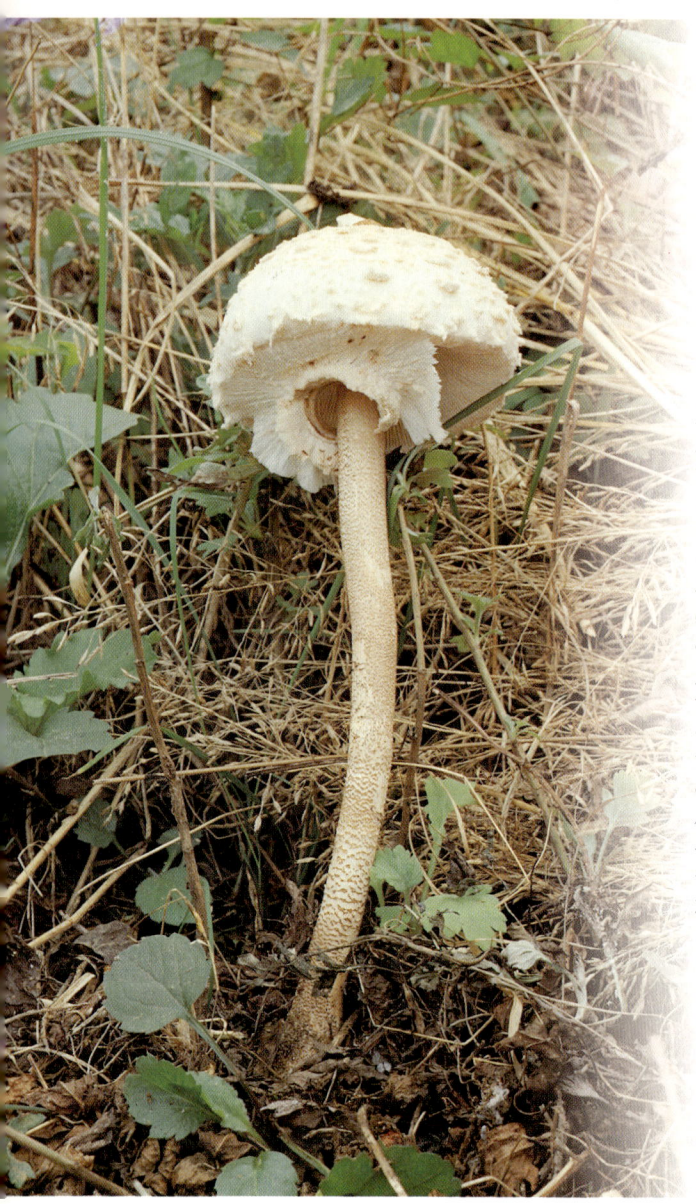

큰갓버섯

Macrolepiota procera

(Scop. : Fr.) Sing.

담자균류의 주름버섯과에 속하며
먹을 수 있는 버섯이나 맛은 좋지
않다. 제주도에서는 초이버섯이라
고도 한다.

균모의 지름은 8 내지 20센티미터
이고 알 모양에서 차차 편평하게
되나 가운데가 볼록하며 갈색 또는
회갈색을 띤다. 균모의 표면은 터
져서 인편이 되는데 연한 갈색이나
회색을 띠며 갯솜 같다. 살은 백색
의 솜 모양이며 주름살은 백색이고
떨어진주름살이다. 자루의 길이는
15 내지 30센티미터이고 굵기는
1.2 내지 2센티미터로 밑은 부풀어
있으며 회갈색의 인편이 있어서 얼
룩져 보이고 속은 비어 있다. 턱받
이는 두꺼우며 윗면은 백색이고 위
아래로 움직인다.

포자의 크기는 13 내지 16마이크로
미터, 폭은 9 내지 12마이크로미터
이고 타원형이며 거짓아미로이드
반응을 보인다. 여름에서 가을 사
이에 숲 속, 대나무밭, 풀밭의 흙에
서 홀로 나거나 균륜을 형성한다.
우리나라에서는 백두산, 만덕산, 한
라산, 모악산 등에 분포하는 전세
계적인 버섯이다.

노란길민그물버섯

Phylloporus bellus

(Mass.) Corner

담자균류의 그물버섯과에 속하며 먹을 수 있는 버섯이다.

균모의 지름은 2 내지 6센티미터로 둥근 산 모양에서 차차 편평하게 되나 나중에는 거꾸로 된 원추형이 된다. 회갈색 또는 올리브 갈색이며 벨벳과 같은 촉감이 있다. 살은 두껍고 연한 황색인데 암모니아수를 바르면 청색으로 변한다. 주름살은 내린주름살로 황색이며 맥상으로 서로 연결되어 있다. 자루의 길이는 3 내지 7.5센티미터 정도로 다양하고 굵기는 0.5 내지 1센티미터로 아래로 가늘어지고 황색 또는 황갈색이며 속은 차 있다.

포자의 크기는 9.5 내지 12.5마이크로미터, 폭은 3.5 내지 4.5마이크로미터로 긴 타원형이다. 여름에서 가을 사이에 숲 속이나 정원의 나무 밑 땅에 홀로 또는 무리지어 난다. 우리나라에서는 소백산, 두륜산 등에서 자생하며 세계적으로는 일본, 중국, 유럽, 북아메리카 등에 분포한다.

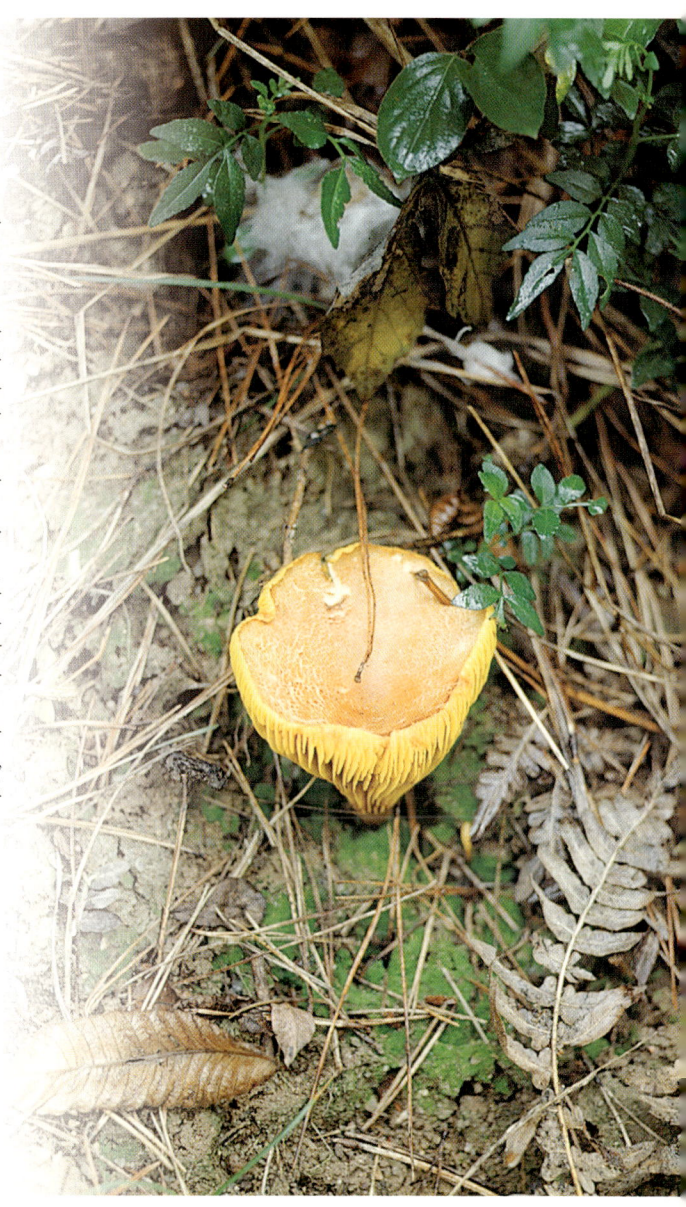

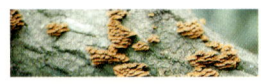

고리버섯

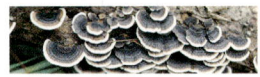

구름버섯

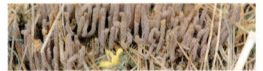

자주국수버섯

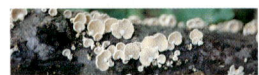

부채버섯

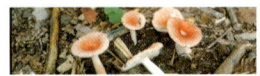

냄새무당버섯

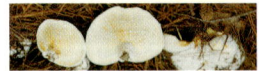

굴털이

다도해 해상국립공원
(금오지구)

고리버섯

Cyclomyces fuscus Kuntze

담자균류의 소나무비늘버섯과에 속하며 먹을 수는 없다.

균모의 폭은 1 내지 5센티미터의 반원형이고 얇은 조개껍질 모양이다. 표면은 녹슨 색깔 또는 흑다색, 흑갈색이고 벨벳 같은 가는 털로 덮여 있으며 비단 광택이 나고 다수의 고리 무늬가 있다. 살은 얇고 연한 가죽질이다. 아랫면은 동심적으로 배열하는 얇은 주름살이 밀생하며 고리 모양의 홈을 이루고 황갈색 또는 암갈색이다.

포자의 크기는 3 내지 4마이크로미터, 폭은 2마이크로미터이고 무색의 아구형이다. 1년 내내 활엽수의 산 나무 또는 고목에 무리지어 다수 중첩하여 발생하며 나무를 썩이는 백색부후균이다.

우리나라에서는 다도해 해상국립공원(연도), 백두산, 두륜산 등에서 자생하며 세계적으로는 일본, 아시아, 아프리카 등의 난대와 열대 지방에 분포한다.

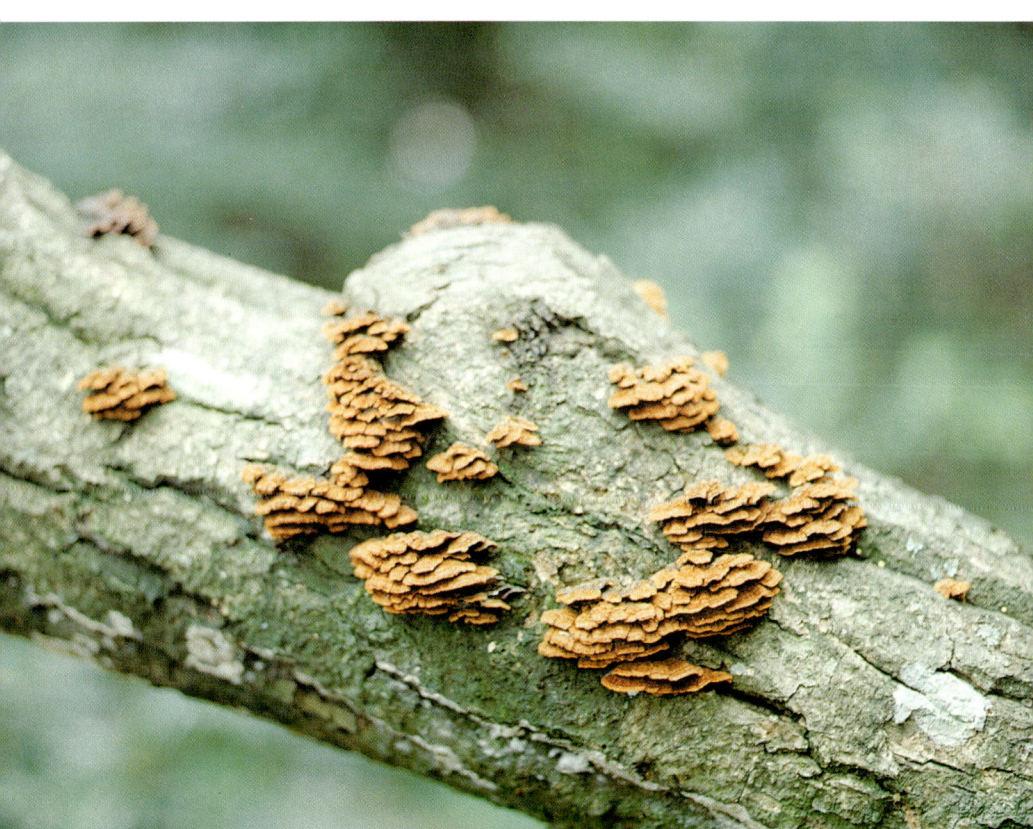

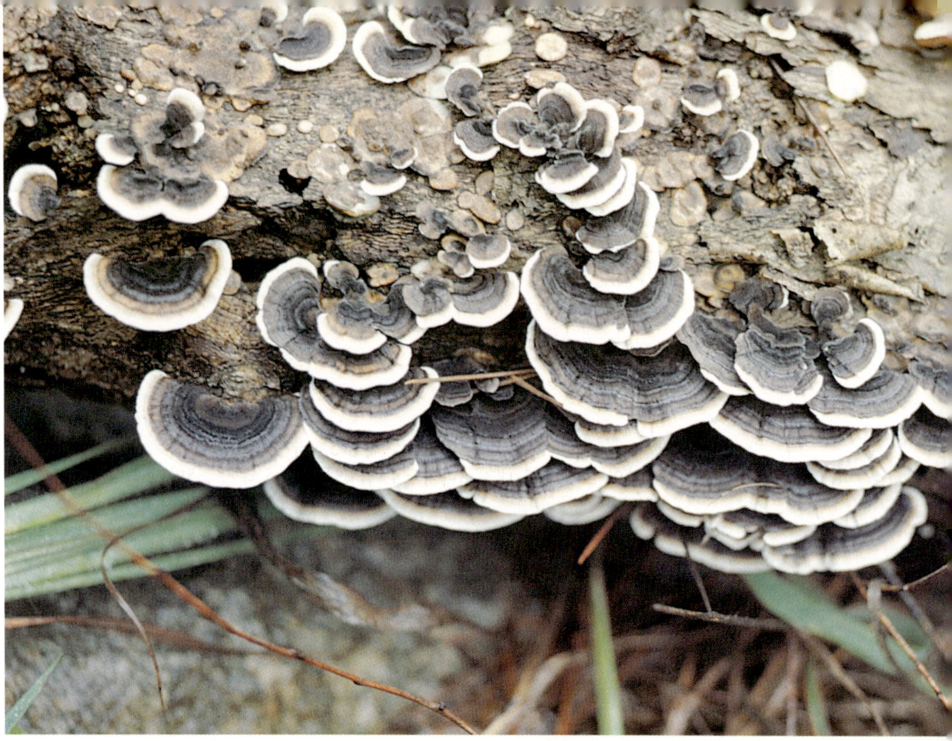

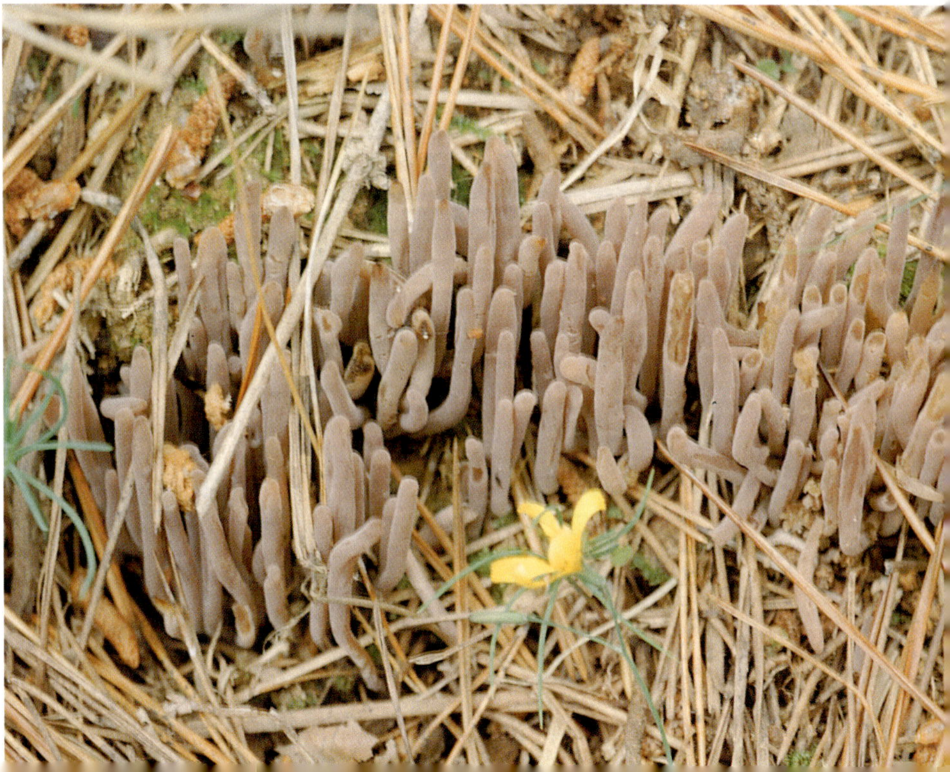

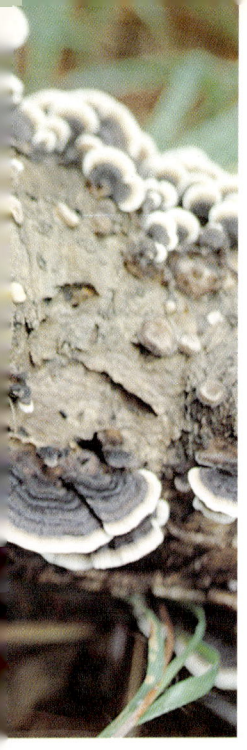

구름버섯

Coriolus versicolor (Fr.) Quél.

담자균류의 구멍장이버섯과에 속하며 항암 성분이 최초로 발견된 버섯으로 끓여서 마실 수 있다.

균모의 크기는 1 내지 5센티미터이고 두께는 1 내지 2밀리미터로 반원형의 얇고 단단한 가죽질로 흑색을 띠며 회색, 황갈색, 암갈색, 흑색의 고리 무늬가 있다. 짧은 털로 덮여 있는데 털 아래에는 암색의 피층이 발달해 있다. 살은 백색이고 아랫면은 백색, 황색, 회갈색 등을 띤다. 관공은 1제곱밀리미터에 3 내지 5개가 있다.

포자의 크기는 5 내지 8마이크로미터, 폭은 1.5 내지 2.5마이크로미터이고 백색의 원통형 또는 소시지 모양이다. 1년 내내 침엽수 또는 활엽수의 고목에 수십 또는 수백 개가 겹쳐서 나는 백색부후균이다.

우리나라에서는 백두산, 지리산, 월출산, 가야산, 속리산, 발왕산, 다도해 해상국립공원(금오도, 연도), 소백산, 두륜산, 변산반도, 방태산 등 전국 어느 곳에서나 발견되며 유럽, 북아메리카 등 전세계에 분포한다.

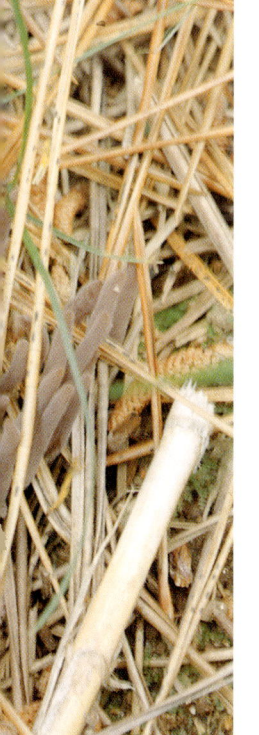

자주국수버섯

Clavaria purpurea Muell. : Fr.

담자균류의 국수버섯과에 속하며 먹을 수 있는 버섯이다.

버섯의 높이는 3 내지 13센티미터이고 굵기는 1.5 내지 5밀리미터로 위아래로 가늘고 편평한 막대 모양인데 가끔 세로로 달리는 얕은 골이 있다. 연한 자색 또는 회자색인데 오래되면 다색(茶色)을 띠고 아래는 백색으로 되며 살은 잘 부서진다.

포자의 크기는 5.5 내지 9마이크로미터, 폭은 3 내지 5마이크로미터이고 타원형이며 포자문은 백색이다. 가을에 소나무 숲 등 침엽수림의 땅에 보통 10여 개가 다발지어 난다.

우리나라에서는 지리산, 만덕산, 백두산 등에서 자생하며 세계적으로는 일본, 중국, 유럽, 북아메리카 등 거의 전세계에 분포한다.

부채버섯

Panellus stypticus (Bull. : Fr.) Karst.

담자균류의 송이과에 속하는 것으로 먹을 수는 없다.

균모의 지름은 1 내지 2센티미터이고 콩팥 모양으로 전체가 연한 황색이며 질기고 가장 자리는 안쪽으로 말린다. 주름살은 밀생하며 맥상으로 연결된다. 자루는 측생이고 짧다. 포자의 크기는 3 내지 6마이크로미터, 폭은 2 내지 3마이크로미터이고 원주형이다. 여름 부터 가을 사이에 활엽수의 그루터기 또는 말라 죽은 가지에 중첩하여 나는 목재부후균 이다. 북아메리카에서 발생하는 것은 빛을 발산하는데 우리나라의 것도 발광하는지는 아직 확실하지 않다.

우리나라에서는 가야산, 지리산, 발왕산, 두륜산, 변산반도, 방태산 등 거의 전국에서 자 생하며 세계적으로는 일본, 중국, 유럽, 북아메리카 등 전세계에 분포한다.

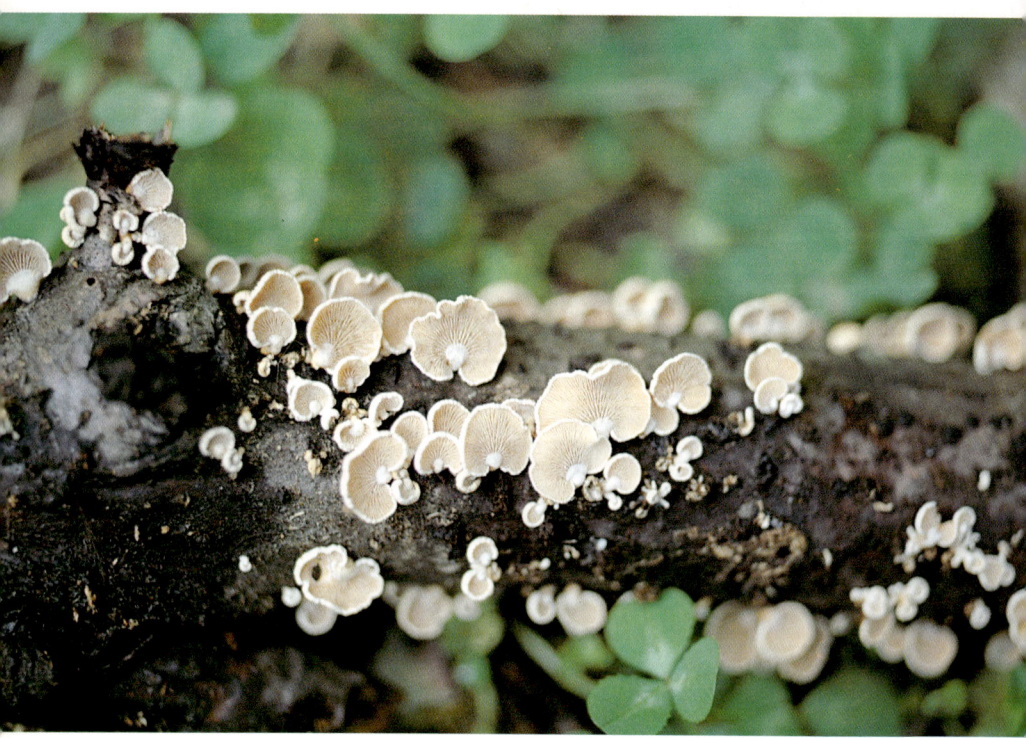

냄새무당버섯

Russula emetica (Fr.) S.F. Gray

담자균류의 무당버섯과에 속하며 독버섯이다.

균모의 지름은 3 내지 10센티미터로 반구형 또는 둥근 산 모양에서 차차 편평하게 되나 가운데는 오목하다. 물기가 많으면 끈적기가 있고 선홍색에서 백색으로 된다. 가장자리에 줄무늬가 나타나며 표피는 벗겨지기 쉽다. 살은 백색(표피 밑은 홍색)이고 부서지기 쉽다. 주름살은 백색이고 성기다. 자루의 길이는 2.5 내지 7센티미터이고 굵기는 0.7 내지 1.5센티미터로 백색이며 줄무늬가 있고 속은 부서지기 쉽다.

포자의 크기는 8 내지 10.5마이크로미터, 폭은 6.5 내지 8.5마이크로미터로 난형 또는 구형으로 가시 모양의 돌기와 가는 그물눈이 있다. 여름에서 가을에 걸쳐 활엽수, 침엽수림의 땅에 홀로 또는 무리지어 나는 균근 형성균이다.

우리나라에서는 백두산, 발왕산, 지리산, 가야산, 속리산, 월출산, 두륜산, 변산반도, 방태산, 다도해 해상국립공원(금오도) 등 거의 전국에서 자생하며 세계적으로는 유럽, 북아메리카, 북반구 일대, 오스트레일리아 등 전세계에 분포한다.

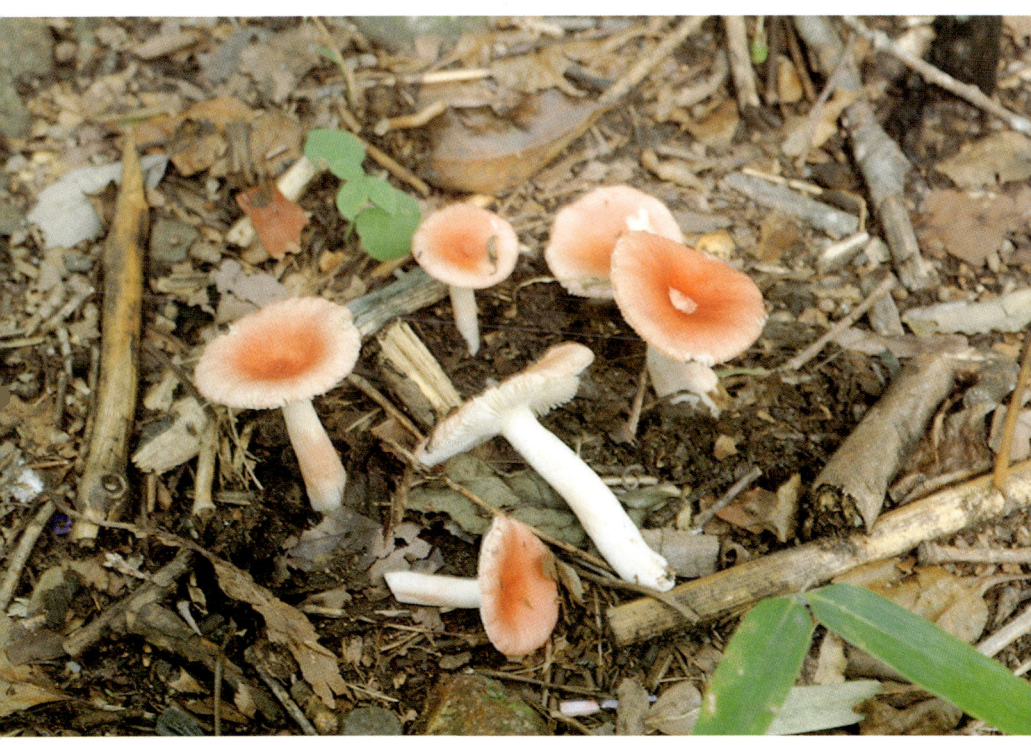

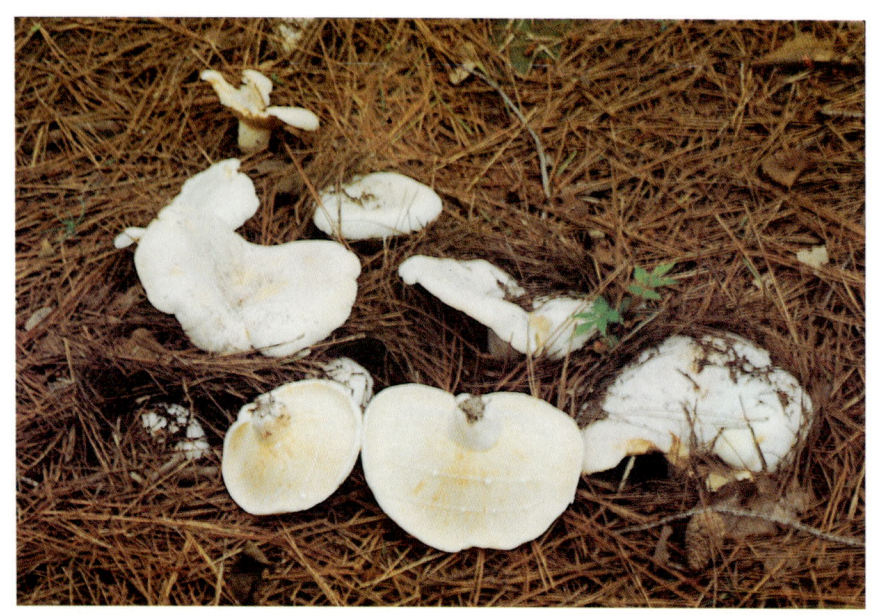

굴털이

Lactarius piperatus (Fr.) S. F. Gray

담자균류의 무당버섯과에 속하며 먹을 수 있다. 매우 매운 맛이지만 물에 담겼다가 먹
으면 괜찮다.

균모의 지름은 4 내지 18센티미터로 가운데가 오목한 둥근 산 모양에서 깔때기 모양으
로 된다. 매끄럽고 주름이 조금 있으며 백색에서 연한 황색으로 되고 황색 또는 황갈색
의 얼룩이 생긴다. 주름살은 내린주름살로 밀생하며 크림색이다. 자루의 길이는 3 내지
9센티미터이고 굵기는 1 내지 3센티미터로 밑은 가늘고 백색이며 단단하다. 상처를 받
으면 백색의 젖이 많이 나오는데 색은 변하지 않는다.

포자의 크기는 5.5 내지 8마이크로미터, 폭은 5 내지 6.5마이크로미터로 타원형 또는 구
형이고 표면에는 가는 사마귀와 그물눈이 있다. 여름에서 가을 사이에 활엽수 또는 침
엽수림의 흙에 무리지어 난다.

우리나라에서는 백두산, 안마군도, 월출산, 가야산, 발왕산 등 거의 전국에서 자생하며
세계적으로는 북반구 온대 이북, 오스트레일리아 등에 분포한다.

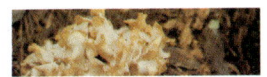

꽃송이버섯

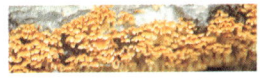

단풍꽃구름버섯

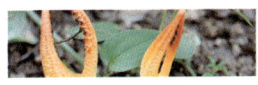

세발버섯

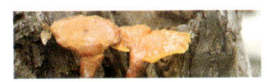

불로초(영지)

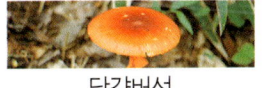

달걀버섯

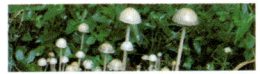

좀말뚝버섯

한

라

산

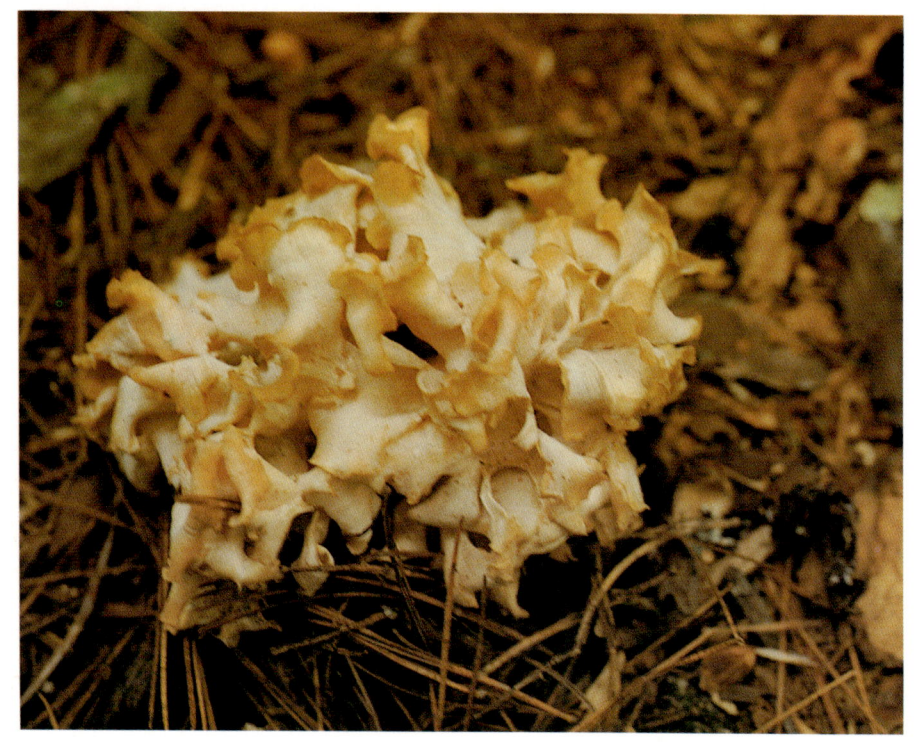

꽃송이버섯

Sparassis crispa Wulf. : Fr.

담자균류의 고약버섯과에 속하며 먹을 수 있고 인공 재배도 가능하며 꽃송이 모양이어서 아름답다.

버섯 한 덩어리의 지름은 10 내지 30센티미터로 하얀 꽃배추와 닮았다. 처음에는 연하나 성숙하면 단단한 살(육질)로 되는, 백색 또는 밤색으로 물결치는 꽃잎이 다수 모인 것 같은 버섯이다. 근부는 덩이 모양인 공통의 자루로 되어 있다. 자실층은 꽃잎 모양의 얇은 조각이 아래쪽에 발달한다. 따라서 버섯의 표면과 뒷면의 구별이 있다.

포자의 크기는 6 내지 7마이크로미터, 폭은 4 내지 5마이크로미터이고 무색의 난형 또는 타원형이다. 여름에서 가을 사이에 살아 있는 나무의 뿌리 근처에 있는 줄기나 그루터기에 뭉쳐서 나는 목재부후균이다.

우리나라에서는 한라산, 지리산 등에서 자생하며 세계적으로는 일본, 중국, 유럽, 북아메리카, 오스트레일리아 등에 분포한다.

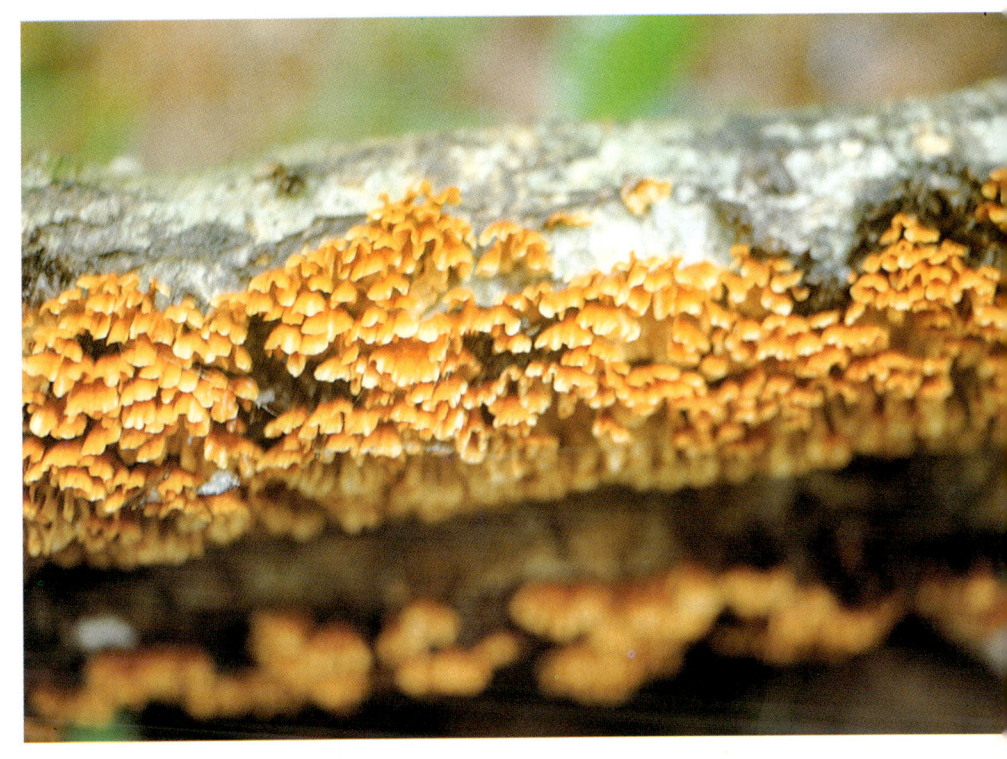

단풍꽃구름버섯

Stereum spectabile (Klotzsch) Boidin

담자균류의 ⼗넝장이비섯과에 속하며 먹을 수는 없다.
균모는 얇은 가죽질이며 부채꼴로 깊숙이 갈라져 손 모양이 되고 건조하면 각 조각은
양쪽에서 아래쪽으로 구부러진다. 연한 갈색 또는 적갈색이며 비단 빛을 내고 부챗살
모양의 가는 줄무늬와 고리무늬를 나타낸다. 자실층은 가루 모양으로 매끄럽고 회백색
이며 자실층에는 방망이 모양의 균사와 젖관 균사가 있다.
포자의 크기는 7 내지 8마이크로미터, 폭은 3.5 내지 4마이크로미터로 넓은 타원형이며
아미로이드 반응을 보이고 표면은 매끄럽다. 1년 내내 활엽수의 고목에 여러 개가 기왓
장처럼 무리지어 나는 목재부후균이다.
우리나라에서는 가야산, 만덕산, 지리산 등에서 자생하며 세계적으로는 일본, 중국, 필리
핀 등에 분포한다.

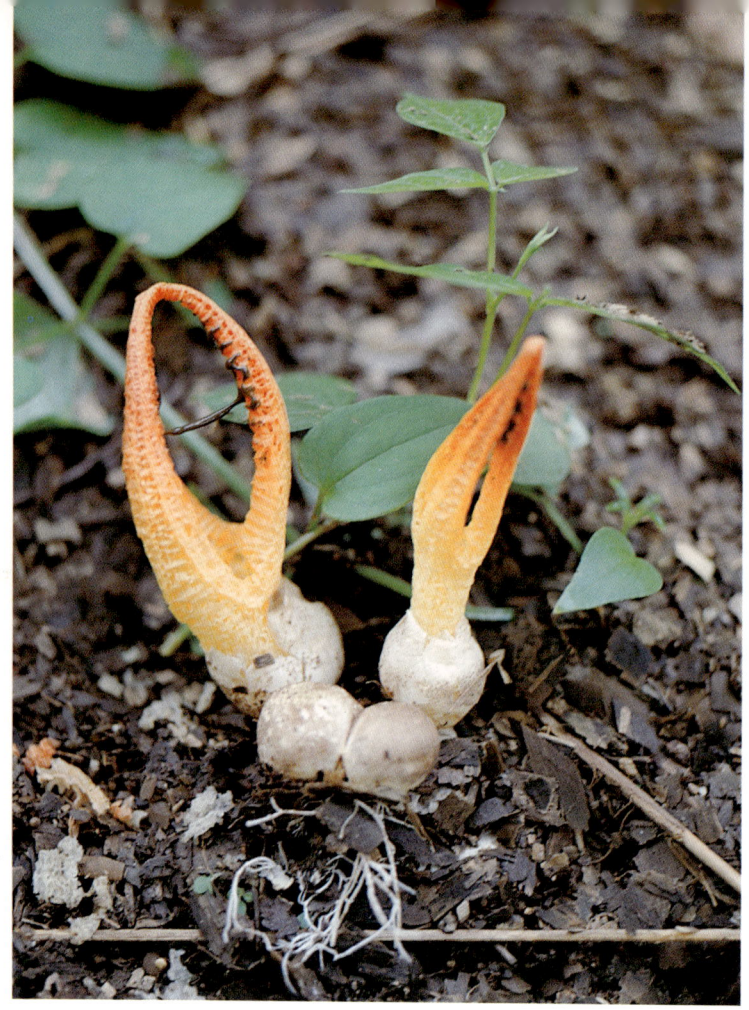

세발버섯

Pseudocolus schellenbergiae (Sumst.) Johnson

담자균류의 바구니버섯과에 속하는 아름다운 버섯이다.

버섯은 처음 알 모양에서 1개의 기본체가 나와서 보통 3가닥 간혹 4가닥의 활 모양으로 갈라지나 끝은 다시 결합한다. 안쪽에 고약한 냄새가 나는 흑갈색의 점액성 물질이 있다. 높이는 4.5 내지 8센티미터로 크림색 또는 핑크색이며 잘 부서진다.

포자의 크기는 4.5 내지 5마이크로미터, 폭은 2 내지 2.2마이크로미터로 타원형 또는 긴 타원형이다. 봄부터 가을 사이에 숲 속이나 등산로의 땅에 홀로 또는 흩어져 나며 특히 대나무밭에 많이 난다. 고약한 냄새가 나는 점액성 물질에 포자가 있어서 곤충 등의 몸에 붙어서 포자를 퍼뜨리는 역할을 하고 있다.

우리나라에서는 월출산, 발왕산, 모악산 등 거의 전국에서 자생하며 세계적으로는 일본, 대만, 중앙아메리카, 북아메리카 등에 분포한다.

영지 (불로초)

Ganoderma lucidum (Leyss. : Fr.) Karst.

담자균류의 불로초과에 속하며 항암 물질을 함유하고 있어서 약용으로 이용하며 인공 재배도 행해져 건강 식품으로 판매되고 있다.

균모의 지름은 5 내지 15센티미터이고 두께는 1 내지 1.5센티미터로 콩팥형 또는 원형이고 버섯 전체가 옻칠을 한 것처럼 광택이 난다. 자루는 중심생 또는 측생이며 각피로 덮여 있고 적자갈색이며 동심상의 얕은 고리홈이 있다. 살은 코르크질로 위아래 2층으로 되어 있으며 위층은 백색이고 구멍에 가까운 부분은 육계색이다. 균모의 아랫면은 황백색이며 관은 1층이고 길이는 5 내지 10밀리미터 정도로 육계색이며 구멍은 둥글다. 자루의 길이는 3 내지 15센티미터, 굵기는 5 내지 10센티미터로 흑적갈색이며 구부러져 있다.

포자의 크기는 9 내지 11마이크로미터, 폭은 5.5 내지 7마이크로미터로 구형이며 2중막으로 되어 있고 내막은 연한 갈색이다. 1년 내내 활엽수의 뿌리 밑동이나 그루터기에 나는 목재부후균이다.

우리나라에서는 백두산, 방태산, 월출산, 가야산, 속리산, 두륜산, 변산반도에서 자생하며 세계적으로는 북반구 온대 이북에 분포한다.

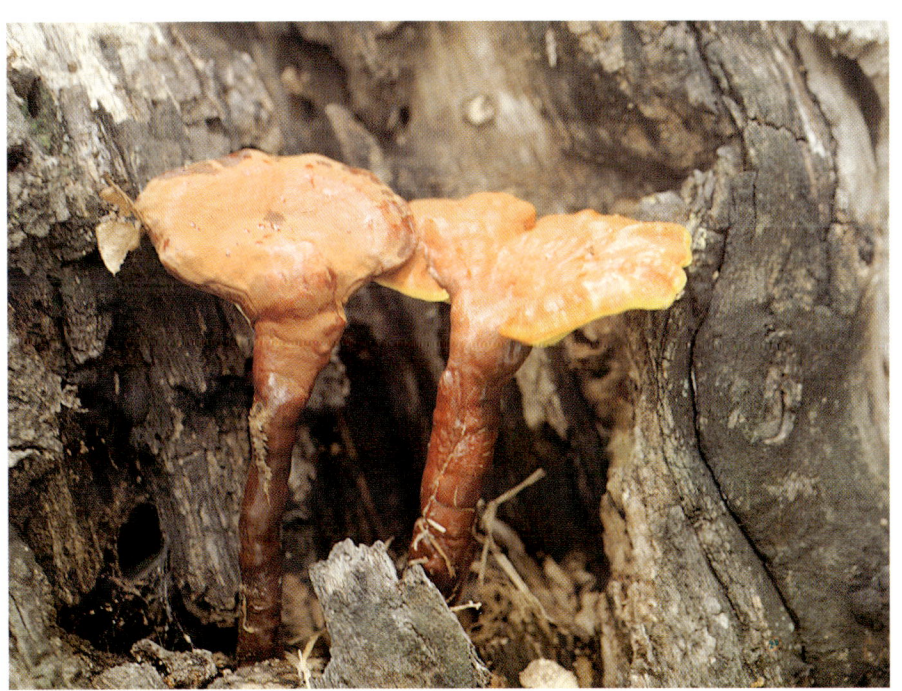

달걀버섯

Amanita hemibapha (Berk. & Br.) Sacc. subsp. *hemibapha*

담자균류의 광대버섯과에 속하며 먹을 수 있는데 구우면 구수한 냄새가 난다.
균모의 지름은 5.5 내지 18센티미터로 둥근 산 모양에서 차차 편평하게 되나 가운데가
돌출한다. 등적색이며 매끄러우나 끈적기가 조금 있고 가장자리에는 부챗살 모양의 홈
선이 있다. 살은 연한 황색이며 주름살도 황색인데 끝붙은주름살이다. 자루의 길이는 10
내지 17센티미터이고 굵기는 0.6 내지 2센티미터로 황갈색이며 얼룩 무늬가 있고 위쪽
에 황갈색 막질의 턱받이가 있다. 대주머니는 백색의 막질로 되어 있다.
포자의 크기는 7.5 내지 10마이크로미터, 폭은 6.5 내지 7.5마이크로미터로 넓은 타원형

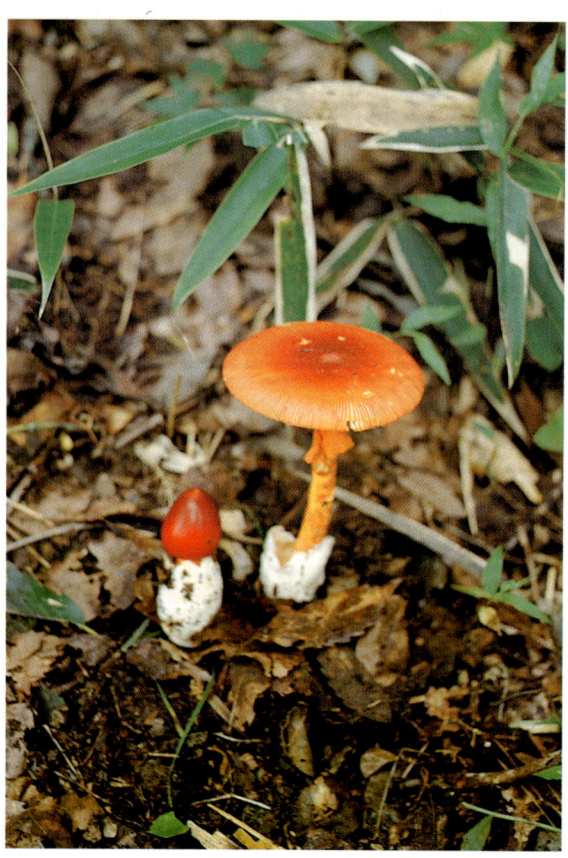

또는 구형 비슷하고
비아미로이드 반응을
나타낸다. 발생은 여
름에서 가을 사이에
활엽수 또는 침엽수
(전나무)림의 흙에 홀
로 또는 무리지어 나
며 균근을 형성한다.
우리나라에서는 백두
산, 방태산, 월출산,
가야산, 두륜산, 속리
산, 발왕산, 다도해 해
상국립공원(금오도),
소백산 등 거의 전국
에서 자생하며 세계
적으로는 동남아시아,
보르네오, 말레이지
아, 싱가포르, 일본,
중국, 러시아, 스리랑
카, 북아메리카 등에
분포한다.

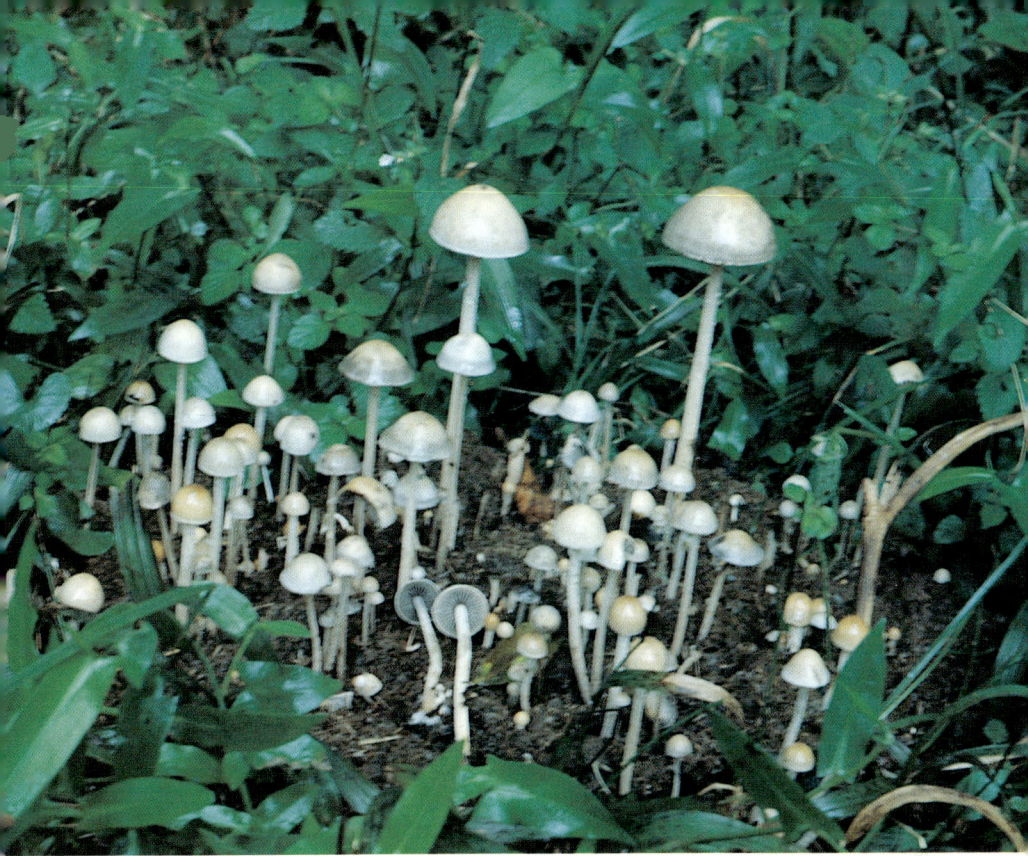

좀말똥버섯

Panaeolus sphinctrinus (Fr.) Quél.

담자균류의 먹물버섯과에 속하며 독버섯이다.

균모의 지름은 1 내지 3센티미터이고 반구형 또는 종 모양이며 가운데가 조금 볼록하다. 매끄럽고 암회색이며 마르면 연한 회색이 되나 가운데는 황토색 또는 갈색이고 가장자리는 톱니 모양이다. 주름살은 바른주름살로 회색에서 흑색으로 변하며 가장자리는 백색이다. 자루의 길이는 5 내지 15센티미터이고 굵기는 1.5 내지 3.5센티미터로 암회색 또는 암적갈색이며 위쪽은 연한 색이고 가는 가루가 있으며 속은 비어 있다.

포자의 크기는 13 내지 15.5(17)마이크로미터, 폭은 7 내지 9마이크로미터이며 레몬형 또는 타원형이고 끝에 발아공이 있다. 봄에서 가을 사이에 소나 말의 똥 또는 기름진 밭에 무리지어 난다.

우리나라에서는 백두산, 한라산, 다도해 해상국립공원(금오도) 등에서 자생하며 거의 전세계에 분포한다.

버섯의 채집과 관찰

버섯 채집

버섯을 채집하는 목적은 연구 자료를 확보하고 정확히 종을 동정하여 생물 자원의 다양성을 확보하는 데 있다. 버섯을 채집할 때에는 주위를 잘 관찰하여 각 종류의 버섯을 몇 개씩 수집한 뒤 바로 외부 관찰과 현미경 관찰을 하는 것이 좋으나 그렇지 못한 경우는 일단 외부 관찰만 하고 채집품을 잘 말리든지 액침 표본으로 하여 다음에 현미경 관찰을 하면 좋다.

채집 용구

버섯을 원형 그대로 채집하기 위해서는 채집 용구를 제대로 갖추어야 한다. 우선 땅속 깊이까지 채집하기 위한 꽃삽이 필요하다. 그리고 채집한 버섯을 담기 위해서는 공기가 잘 통하고 단단한 바구니를 준비하여야 하며, 다른 버섯과 섞이지 않게 같은 종을 싸기 위한 유산지도 필요하다.

주머니칼은 땅속을 파거나 나무에 붙어 있는 버섯과 부후한 재목 부분을 떼어내는 데 쓰이며, 주머니칼로는 떼어낼 수 없는 단단한 나무에 난 버섯을 자르기 위해서는 톱이 필요하다. 그리고 나뭇가지 등에 난 것을 떼어내기 위해서는 전정가위도 필요하다.

외부 관찰을 바로 기록하기 위한 필기 도구와 그 밖에 돋보기, 풀을 헤쳐 보기 위한 지팡이, 작은 버섯을 넣을 유리병, 핀셋, 카메라, 우장, 장갑 등도 챙겨두어야 한다.

채집 방법

버섯은 자루의 끝부분까지 완전히 채집하여야 하므로 땅속 깊이 파서 채집한다. 예를 들면 낙엽이 쌓인 곳의 버섯은 낙엽까지, 고목에 난 것은 썩은 고목의 일부도 채집하여야 한다.

채집 시기와 장소

버섯은 일년 내내 발생하지만 6월부터 9월 동안, 특히 비가 온 뒤에 많이 발생한다. 채집 장소는 뜰, 집 주위, 밭두렁, 길가, 교정, 공원 등 먼저 생활 주변에서부터 선택한다.

산으로 갈 때는 계곡의 등산로 또는 습한 곳으로 간다. 버섯은 같은 장소라도 계절별, 온도, 강우량에 따라 다른 종류의 버섯이 발생하기 때문에 항상 주의 깊은 관찰을 요한다.

기록

채집 노트에 날짜, 장소, 채집자와 버섯이 난 곳의 생태적 특징을 기록한다. 즉 땅 위, 나무, 풀밭, 나무의 종류, 발견 빈도(몇 번 발견), 서식 생태(단생, 군생, 속생, 균륜, 활엽수림, 침엽수림, 부식토, 일반 토양, 풀밭, 이끼밭, 동물의 분 등)를 기록한다. 생태적 사진을 찍을 때는 가능하다면 각 부위가 골고루 잘 나타나도록 찍는다.

버섯의 표본 제작 및 보존

표본은 뒷날의 연구와 자연 자원의 이용을 위해서 만든다. 따라서 어떠한 방법으로 관찰을 해도 원래의 모양이 이해될 수 있도록 가능한 한 완전하게 원형 상태를 유지하도록 보존해야 한다.

표본의 제작

표본을 만드는 방법은 일반적으로 식물 표본과 같이 건조 표본을 만드는 것과 액침 표본을 만드는 것 두 가지가 있다.

부패하기 쉬운 버섯은 채집한 그날 혹은 다음날 관찰, 기록, 스케치 등을 마치고 건조시켜 표본으로 만들어 두는 것이 좋다. 버섯의 내부에 곤충의 알이나 유충이 있을 수 있으므로 열 건조를 하는 방법이 안전하다. 열 건조는 건조대나 망사를 씌운 건조통에서 하여야 하며 열원으로는 전구나 열판을 이용한다. 점질성의 흐물흐물한 버섯도 건조시킬 수 있는데 이것은 건조시킨 뒤 물을 첨가해 주면 쉽게 원형으로 회복될 수 있다. 경우에 따라서는 일반 식물의 표본을 만들듯이 버섯을 눌러서 건조시켜 평평하게 만들어 대지에 펼쳐 놓아 보존하기도 한다. 해충과 곰팡이의 피해를 막기 위하여 방충제나 방습제를 같이 넣어 두면 좋다.

액침 표본은 주로 전시, 교육용으로 사용하며 표본 보관용의 약품은 알코올보다 포르말린을 희석하여 쓰는 것이 더 좋다. 그러나 오래 두면 버섯이 파손되고 색이 탈색되는 단점이 있다.

표본의 보존

건조 표본이나 액침 표본은 기록 카드를 작성해 속명이나 가나다 순, 혹은 산지별로 적당히 분류·보존한다. 카드에는 보통 필요한 사항을 기입한 분류 표시(label)를 넣는데 표본 번호, 과명, 학명, 우리말명,

채집지, 채집 연월일, 채집자명과 간단한 특기 사항을 기록한다.

버섯의 관찰

외부 관찰

균모, 주름살, 자루, 서식처의 생태 등을 관찰한다.

균모는 모양과 크기, 색 등을 관찰하는데 색은 환경의 영향과 버섯의 성숙도에 따라서 변이가 심하다. 햇빛이 직접 비치거나 우기가 계속되면 버섯의 색깔이 심하게 바랠 수도 있으며 어린 버섯의 색깔과 성숙한

버섯의 구조

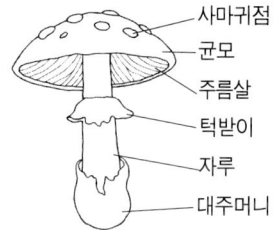

사마귀점
균모
주름살
턱받이
자루
대주머니

균모의 모양

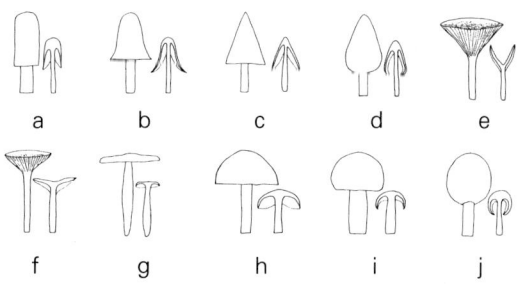

a   b   c   d   e

f   g   h   i   j

a.원주형 b.종 모양 c.원추형 d.난형 e.깔때기형 f.가운데가 약간 들어간 형 g.편평한 형 h.둥근 산 모양 i.반구형 j.구형

균모의 표면

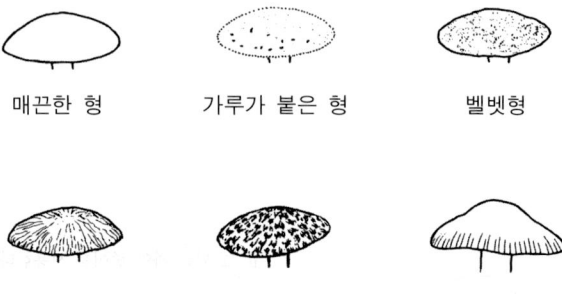

매끈한 형 가루가 붙은 형 벨벳형

섬유상 인편 인편형 줄무늬형

주름살의 상태

〈주름살이 자루에 붙은 상태〉

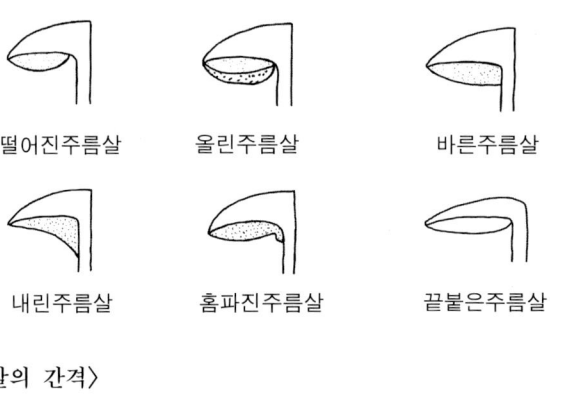

떨어진주름살 올린주름살 바른주름살

내린주름살 홈파진주름살 끝붙은주름살

〈주름살의 간격〉

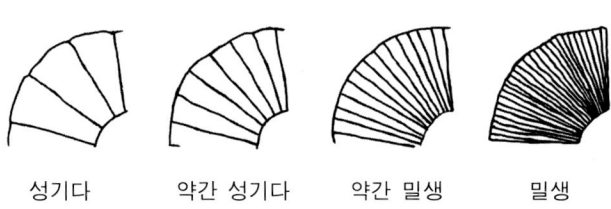

성기다 약간 성기다 약간 밀생 밀생

포자문 만드는 방법

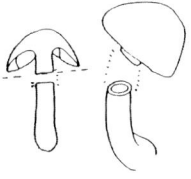

① 면도칼로 균모의 가장자리와 평행되게 자루를 잘라낸다.

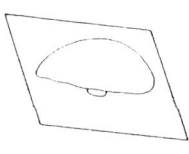

② 하얀 종이 위에 살짝 올려 놓는다. (주름살의 색이 백색이면 검은 종이를 사용하고 그 외는 하얀 종이를 사용한다.)

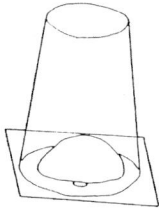

③ 컵 같은 것으로 덮는다. (대략 12시간 정도 방치한다.)

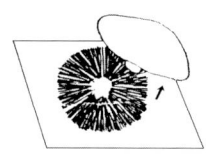

④ 컵을 들어내고 버섯의 균모를 수직으로 들어 올린다.

버섯의 색깔에도 차이가 심해서 중간 단계의 자실체가 없을 경우 서로 다른 종으로 분류하는 오류를 범하기 쉬우므로 주의를 요한다. 주름살은 모양, 간격, 색, 자루에 붙는 상태 등을 관찰한다. 자루에 붙는 상태는 어린 것과 성숙한 것의 차이가 있으니 주의를 요한다. 그리고 자루는 모양, 길이, 굵기, 색, 속의 상태 등을 관찰한다.

버섯의 서식처를 관찰할 때는 흙 또는 풀밭, 고목, 떨어진 나뭇가지 등 발생 환경을 잘 살펴야 하며 어떤 숲에서 주로 발생하는가, 홀로 나는가 또는 무리지어 나는가, 뭉쳐서 나는가를 조사한다.

포자의 색은 집단(mass) 상태일 때 결정하는 것이 좋은데 이때 포자문(Spore print)을 만들어서 이용한다. 이것으로 포자 관찰도 가능하다.

버섯의 미세구조

담자균류

〈주름살의 구조〉

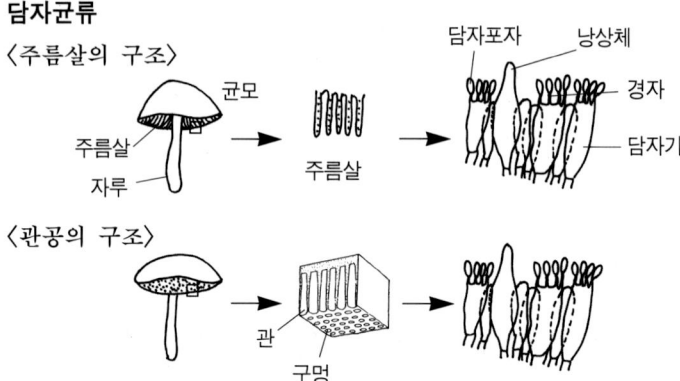

〈관공의 구조〉

현미경적 관찰

버섯은 모양, 색, 크기가 비슷하더라도 포자나 기타 부속 기관의 모양이 틀린 것이 많아서 반드시 현미경적 관찰을 통해 확인해야 한다. 포자는 모양, 크기, 색, 표면의 상태, 발아공 유무, 멜저액으로 염색하였을 때의 포자의 색깔 변화 등을 관찰한다. 이 밖에 담자균류 같으면 낭상체(cystidia), 담자기, 꺽쇠(clamp connection)를 관찰하고 자낭균류 같으면 자낭, 측사 등을 관찰한다.

멜저액에 의한 생화학적 반응 실험

버섯을 동정하기 위한 한 방법으로 멜저액에 포자가 어떻게 염색되는가를 살펴 분류에 이용하는 중요한 방법이다.

시약의 조제는 증류수 20그램에 요오드(I) 0.5그램, 요오드칼리(KI) 1.5그램, 포수클로랄 22그램을 차례로 녹여서 만든다. 잘 녹지 않으면 유리막대로 저으면서 녹인다.

포자에 증류수를 떨어뜨려 색깔을 관찰한 다음, 이 시약을 한 방울 떨어뜨려 포자의 색깔이 어떻게 염색되는가를 관찰한다. 다음 3가지

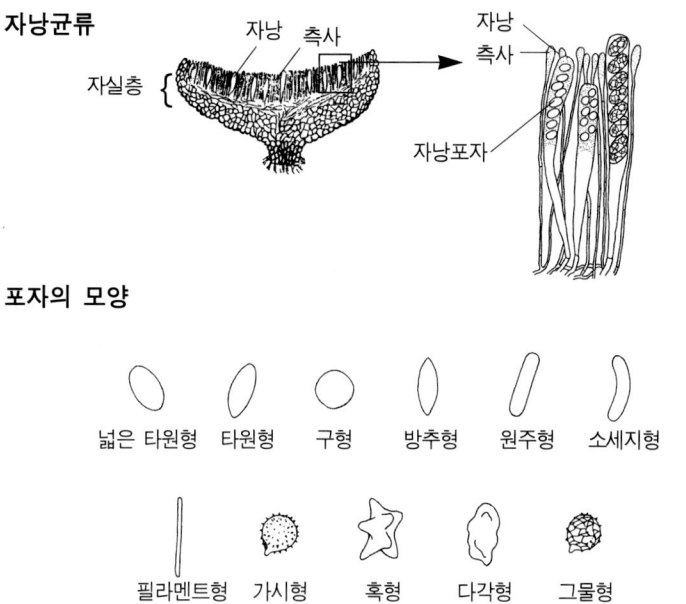

자낭균류

자낭 측사
자실층 {

자낭
측사

자낭포자

포자의 모양

넓은 타원형   타원형   구형   방추형   원주형   소세지형

필라멘트형   가시형   혹형   다각형   그물형

반응 가운데 어느 하나에 해당되는가를 관찰하여 판정한다.

　아미로이드(amyloid) 반응은 포자의 막이 연한 회색, 회청자색, 암자색 또는 검은색으로 염색되는 것으로 무당버섯과의 무당버섯속과 젖버섯속 등이 반응을 보인다. 비아미로이드(nonamyloid) 반응은 포자의 막이 연한 황색으로 되거나 염색되지 않는 것으로 방망이버섯속, 느타리버섯속 등이 반응을 나타낸다. 거짓(위)아미로이드(pseudoamyloid) 반응은 포자의 막이 적갈색 또는 자갈색으로 염색되는 것으로 이 반응이 나타나는 것에는 갓버섯속 등이 있다. 그러나 어떤 무리의 버섯들은 같은 속(genus)이더라도 종에 따라서 아미로이드와 비아미로이드 반응을 나타내는 것도 있다.

용어 해설

갈색부후(균) 목질의 섬유소를 분해하여 목질부를 갈색으로 변화시키는 것(균).

경자(sterigmata) 담자기의 담자포자를 방출하는 돌기.

관공 자실층이 주름살 대신 관 모양의 구멍으로 되어 있는 것으로 그 입구를 구멍이라고 함.

균핵 균사 상호간에 서로 엉키고 밀착되어 있는 균사 조직.

균근균 버섯의 균사가 고등 식물의 뿌리와 공생하여 서로 도우며 살아가는 균. 균근 형성균.

균륜(fairy ring) 무리지어 나는(군생) 것의 일종으로 버섯이 고리 모양으로 열을 지어 나는 상태. 균륜은 나무의 나이테처럼 매년 바깥쪽으로 확대하여 생김.

균모(pileus) 갓이라고도 하며 버섯(자실체)의 위쪽에 피어 있는 부분.

균사(hyphae) 균류의 기본을 이루는 형태로 균의 세포가 길게 일렬로 연결된 것.

기본체(gleba) 담자균의 복균류나 자낭균의 덩이버섯에서 외피로 덮여 있고 담자기를 만드는 내부 조직.

꺽쇠(Clamp conection) 버섯의 1차 균사가 접합하여 2차 균사가 형성되는데 이때 형성된 특유한 꺽쇠 모양의 돌기.

끝붙은주름살 주름살이 자루의 기점에 붙어 있는 것.

낭상체(cystidia) 강모체라고도 하며 담자균류의 자실층을 형성하는 균사 중에서 털 모양, 기둥 모양, 주머니 모양 등으로 변한 것으로 주름살의 가장자리 연낭상체와 옆면(측)의 측낭상체의 두 종류가 있음.

내린주름살 주름살이 길게 매달린 것처럼 자루까지 붙어 있는 것.

담자균류 고등 균류 중 담자기에 담자포자를 형성하는 균의 총칭.

담자기 담자균류에서 포자를 형성하는 곤봉 모양의 미세 구조.

담자포자 담자균의 담자기 내에서 감수 분열한 뒤, 담자기의 외부에 형성되는 포자. 보통 1개의 담자기에 4개의 담자포자를 형성함.

대주머니 덮개막이라고도 하며 자루의 근부를 둘러싼 병 또는 주머니 모양의 조직. 균모 위에 생긴 사마귀나 비늘 조각은 이 대주머니의 두 조직이 갈라져서 남아 있는 것임.

떨어진주름살 주름살이 자루와 완전히 떨어져서 균모에 붙어 있는 것.

턱받이(annulus) 고리라고도 하는 자루의 부속물인데 어릴 때는 버섯의 가장자리와 연결되고, 성장하면 자루의 윗부분이나 가운데 부분에 원반 모양 또는 거미집 모양으로 남아 있는 것.

발아공 포자의 꼭대기 부분에 있는 작은 구멍. 여기에서 균사가 발생하여 뻗어 나옴.

발아관 자낭균류의 어떤 종류의 포자에는 세로로 달리는 관이 있는데 발아하게 되면 여기에서 균사가 뻗어 나옴.

방사상 중심에서 바깥쪽으로 우산살 모양으로 뻗은 모양.

방추형 포자나 낭상체의 양끝이 좁아진 모양.

백색부후(균) 목질의 섬유소를 분해하여 목질부를 백색으로 변화시키는 것(균).

바른주름살 주름살이 자루에 직접 연결되어 붙어 있는 것.

배착생 균모의 자루가 없고, 균모의 표면이 나무에 붙은 것.

아구형 구형에 비슷한 것.

어린버섯 버섯의 발생 전 균체를 만드는 조직의 덩어리. 단단한 껍질이 있는 것, 뱀 알처럼 생긴 것 등이 있음.

올린주름살 주름살이 자루의 꼭대기에 붙는 것.

외피 복균류나 덩어리버섯류와 같이 자실체(지하생)의 바깥 껍질을 이루는 조직.

자낭 긴 주머니 모양으로 이 속에 보통 8개의 자낭포자가 들어 있는 것이 대부분이나 4개 또는 16개가 있는 것도 있음.

자낭균류 균류 가운데 자낭에 자낭포자를 형성하는 균.

자낭포자 자낭균류의 자낭 속에 있는 포자. 보통 8개가 들어 있음.

자루(stipe) 대라고 하며 버섯을 지탱하고 있는 기둥 모양의 부분.

자실체 균류의 포자를 만드는 생식기관 흔히 버섯이라고 하는 부분.

자실층 자실체 내에서 담자기 또는 자낭으로 구성된 조직. 담자균류에서는 주름살의 표면이나 관의 내부에서 볼 수 있으며, 자낭균류에서는 자낭각의 내부나 균류의 주발 내부에서 볼 수 있음.

측생 균모의 옆 가장자리에 자루가 붙어 있는 것. 균모가 원형이 아니고 부정형인 것에서 볼 수 있음.

홈파진주름살 주름살이 자루와 가까운 부분에서 높이가 낮아져서 자루를 오목하게 둘러싸고 있는 것.

인편 버섯의 갓 또는 대 표면이 바늘형으로 뾰족하거나 뭉툭하게 갈라진 것.

주름살 주름버섯류에서 갓의 아랫면에 부채 주름 모양으로 구성되어 있는 포자를 형성하는 기관.

포자문 버섯의 갓만 잘라 흰 종이 또는 검은 종이 위에 주름살이 아래쪽으로 가도록 놓고 컵을 덮어 놓으면 포자는 종이 위에 낙하하여 포자 무늬를 이룸.

후막포자 균사의 끝 또는 중간의 세포가 벽이 두꺼워져 만들어진 포자.

찾아보기

참고 문헌

김부식, 『삼국사기』.

서재철 · 조덕현, 『한라산의 버섯』, 높은오름, 1978.

안상득 · 이종용, 『약초의 유래』, 도서출판 진솔, 1996.

이지열, 『원색한국버섯도감』, 배문각, 1959.

이지열, 『원색한국버섯도감』, 아카데미, 1988.

이지열 · 홍순우, 『한국동식물도감(버섯류)』, 문교부, 1985.

이지열 · 이태수 · 조덕현, 『원색한국버섯도감(II)』, 아카데미, 1998.

임응규, 『불로초의 약효와 재배』, 탐구당, 1984.

今關六也 · 本鄕次雄, 『原色日本新菌類圖鑑(I)』, 保育社, 1987.

───────────, 『原色日本新菌類圖鑑(II)』, 保育社, 1989.

조덕현, 「새로 규명된 고등 균류의 자연 자원」, 『자연보존』 93, 한국
　　　자연보존협회, pp. 23~38, 1996. 3.

橫山和正, 「食用キノコと毒キノコ」, 『食品と微生物』 5(2), pp. 89~
　　　94, 1988.

〈학회지 및 논문집〉

광주보건대 논문집(1982~1985)

동양자원식물 학회지(1992~1995)

우석대학교 논문집(1986~1996)

한국균학지(1972~1996)

한국자연보존협회 연구조사보고서(1988~1996)

한국자원식물학회지(1996~1997)

빛깔있는 책들 301-32

한국의 버섯

글	―조덕현
사진	―조덕현

회장	―차민도
발행인	―장세우
발행처	―주식회사 대원사

편집	―박수진, 김분하, 연인숙, 최은희, 김남연, 권효정
미술	―최효섭, 김명준, 김지연
기획	―조은정, 김수영
총무	―이훈, 이규헌, 정광진
영업	―김기태, 강성철, 이수일, 문제훈, 안태경, 박경이
이사	―이명훈

첫판 1쇄 ―1997년 10월 30일 발행

주식회사 대원사
우편번호/140-190
서울 용산구 후암동 358-17
전화번호/(02) 757-6717~9
팩시밀리/(02) 775-8043
등록번호/제 3-191호

책값/6400원

ISBN 89-369-0206-7 00480

냄새무당버섯

Russula emetica (Fr.) S. F. Gray

담자균류의 무당버섯과에 속하며 독버섯이다.

균모의 지름은 3 내지 10센티미터로 반구형 또는 둥근 산 모양에서 차차 편평하게 되나 가운데는 오목하다. 물기가 많으면 끈적기가 있고 선홍색에서 백색으로 된다. 가장자리에 줄무늬가 나타나며 표피는 벗겨지기 쉽다. 살은 백색(표피 밑은 홍색)이고 부서지기 쉽다. 주름살은 백색이고 성기다. 자루의 길이는 2.5 내지 7센티미터이고 굵기는 0.7 내지 1.5센티미터로 백색이며 줄무늬가 있고 속은 부서지기 쉽다.

포자의 크기는 8 내지 10.5마이크로미터, 폭은 6.5 내지 8.5마이크로미터로 난형 또는 구형으로 가시 모양의 돌기와 가는 그물눈이 있다. 여름에서 가을에 걸쳐 활엽수, 침엽수림의 땅에 홀로 또는 무리지어 나는 균근 형성균이다.

우리나라에서는 백두산, 발왕산, 지리산, 가야산, 속리산, 월출산, 두륜산, 변산반도, 방태산, 다도해 해상국립공원(금오도) 등 거의 전국에서 자생하며 세계적으로는 유럽, 북아메리카, 북반구 일대, 오스트레일리아 등 전세계에 분포한다.

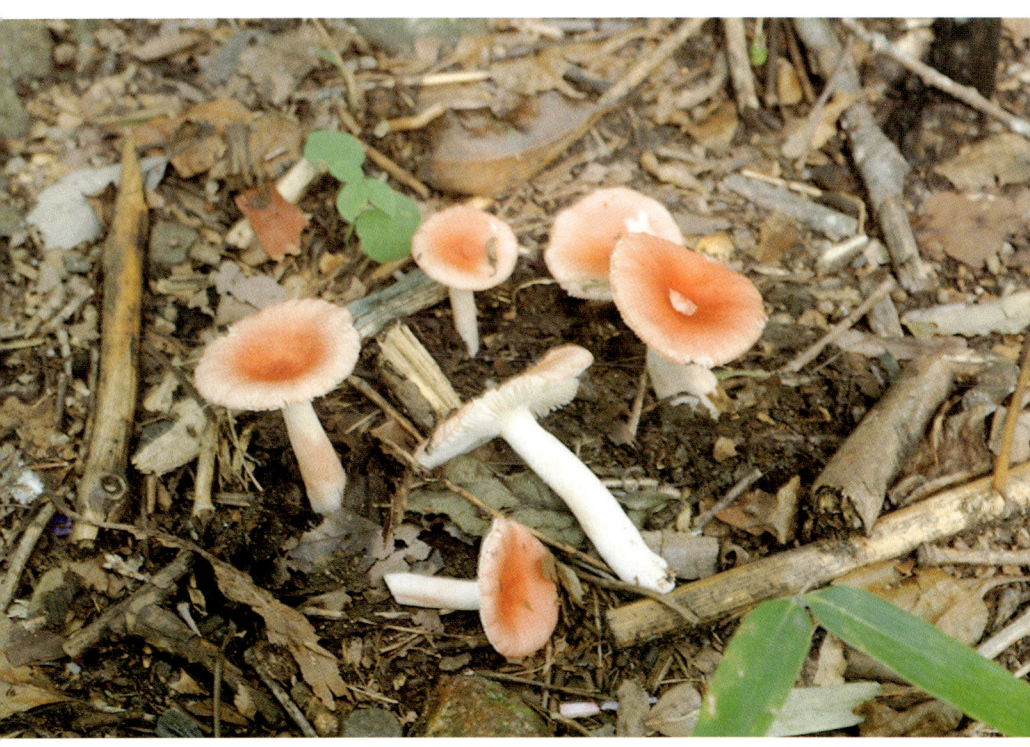

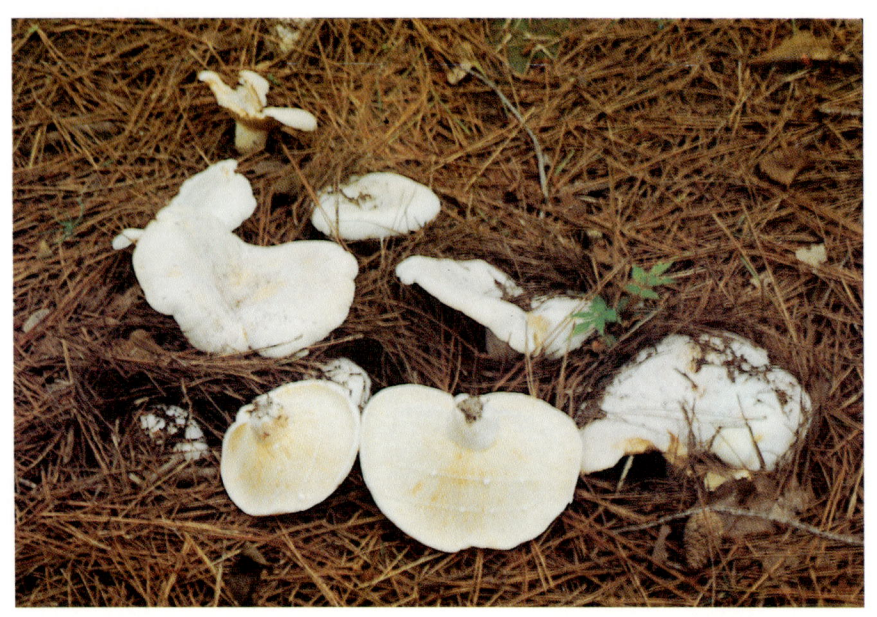

굴털이

Lactarius piperatus (Fr.) S. F. Gray

담자균류의 무당버섯과에 속하며 먹을 수 있다. 매우 매운 맛이지만 물에 담궜다가 먹으면 괜찮다.

균모의 지름은 4 내지 18센티미터로 가운데가 오목한 둥근 산 모양에서 깔때기 모양으로 된다. 매끄럽고 주름이 조금 있으며 백색에서 연한 황색으로 되고 황색 또는 황갈색의 얼룩이 생긴다. 주름살은 내린주름살로 밀생하며 크림색이다. 자루의 길이는 3 내지 9센티미터이고 굵기는 1 내지 3센티미터로 밑은 가늘고 백색이며 단단하다. 상처를 받으면 백색의 젖이 많이 나오는데 색은 변하지 않는다.

포자의 크기는 5.5 내지 8마이크로미터, 폭은 5 내지 6.5마이크로미터로 타원형 또는 구형이고 표면에는 가는 사마귀와 그물눈이 있다. 여름에서 가을 사이에 활엽수 또는 침엽수림의 흙에 무리지어 난다.

우리나라에서는 백두산, 안마군도, 월출산, 가야산, 발왕산 등 거의 전국에서 자생하며 세계적으로는 북반구 온대 이북, 오스트레일리아 등에 분포한다.

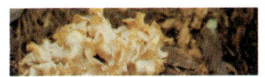

꽃송이버섯

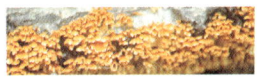

단풍꽃구름버섯

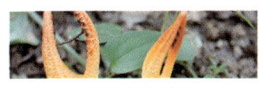

세발버섯

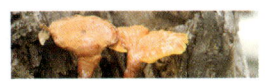

불로초(영지)

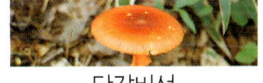

달걀버섯

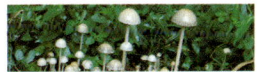

좀말뚝버섯

한 라 산

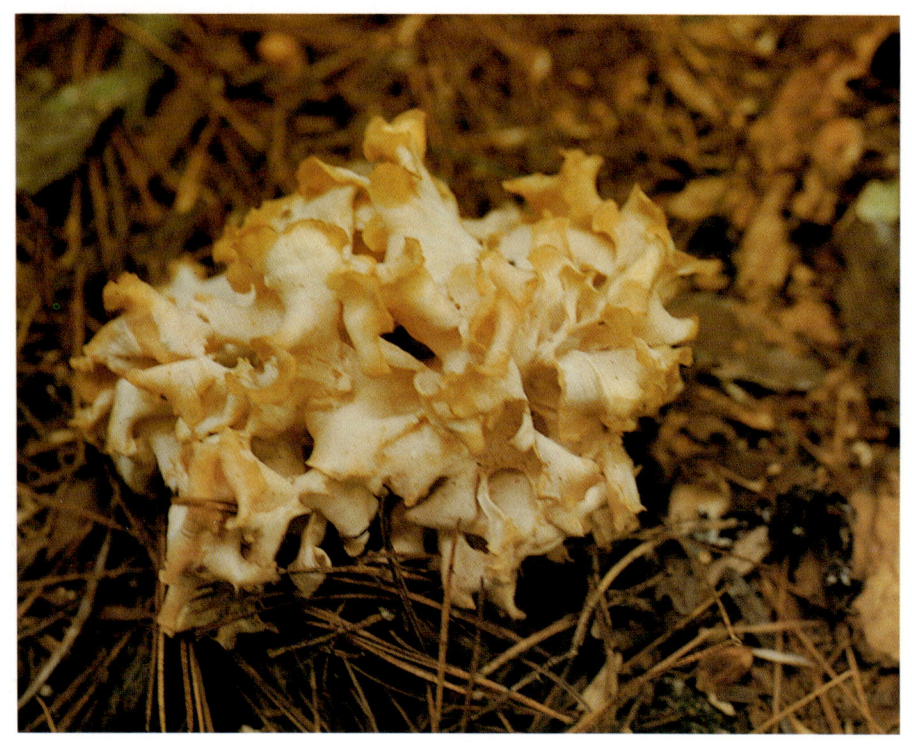

꽃송이버섯

Sparassis crispa Wulf. : Fr.

담자균류의 고약버섯과에 속하며 먹을 수 있고 인공 재배도 가능하며 꽃송이 모양이어서 아름답다.

버섯 한 덩어리의 지름은 10 내지 30센티미터로 하얀 꽃배추와 닮았다. 처음에는 연하나 성숙하면 단단한 살(육질)로 되는, 백색 또는 밤색으로 물결치는 꽃잎이 다수 모인 것 같은 버섯이다. 근부는 덩이 모양인 공통의 자루로 되어 있다. 자실층은 꽃잎 모양의 얇은 조각이 아래쪽에 발달한다. 따라서 버섯의 표면과 뒷면의 구별이 있다.

포자의 크기는 6 내지 7마이크로미터, 폭은 4 내지 5마이크로미터이고 무색의 난형 또는 타원형이다. 여름에서 가을 사이에 살아 있는 나무의 뿌리 근처에 있는 줄기나 그루터기에 뭉쳐서 나는 목재부후균이다.

우리나라에서는 한라산, 지리산 등에서 자생하며 세계적으로는 일본, 중국, 유럽, 북아메리카, 오스트레일리아 등에 분포한다.

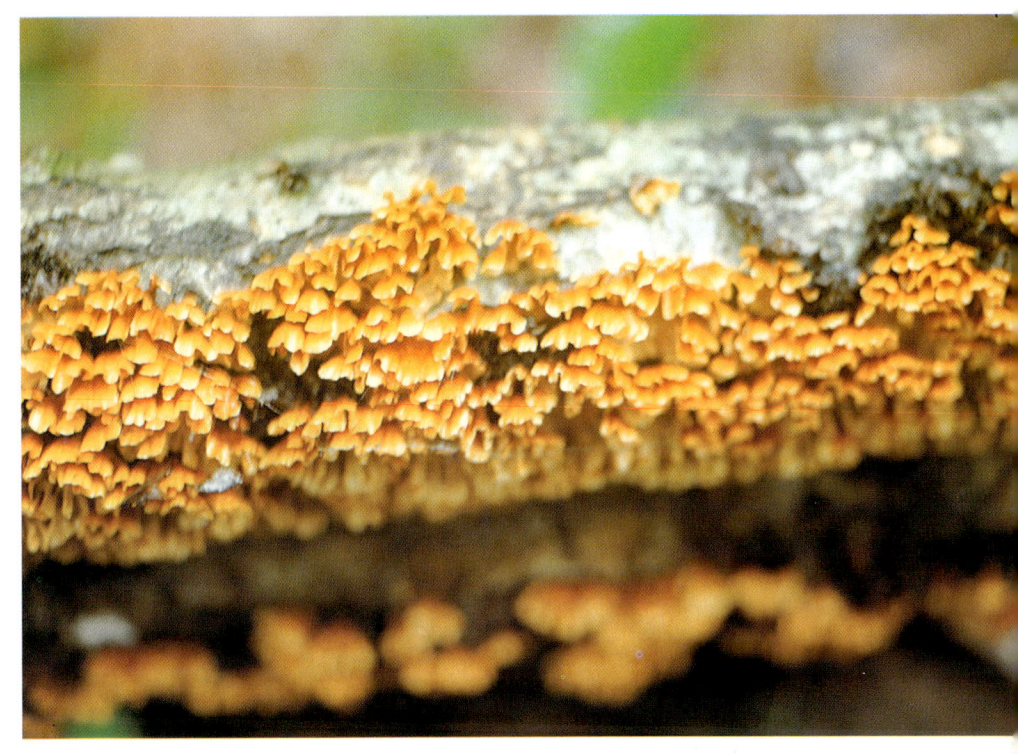

단풍꽃구름버섯
Stereum spectabile (Klotzsch) Boidin

담자균류의 구멍장이버섯과에 속하며 먹을 수는 없다.

균모는 얇은 가죽질이며 부채꼴로 깊숙이 갈라져 손 모양이 되고 건조하면 각 조각은 양쪽에서 아래쪽으로 구부러신나. 언한 길색 또는 쩍갈색이며 비단 빛을 내고 부챗살 모양의 가는 줄무늬와 고리무늬를 나타낸다. 자실층은 가루 모양으로 매끄럽고 회백색 이며 자실층에는 방망이 모양의 균사와 젖관 균사가 있다.

포자의 크기는 7 내지 8마이크로미터, 폭은 3.5 내지 4마이크로미터로 넓은 타원형이며 아미로이드 반응을 보이고 표면은 매끄럽다. 1년 내내 활엽수의 고목에 여러 개가 기왓 장처럼 무리지어 나는 목재부후균이다.

우리나라에서는 가야산, 만덕산, 지리산 등에서 자생하며 세계적으로는 일본, 중국, 필리 핀 등에 분포한다.

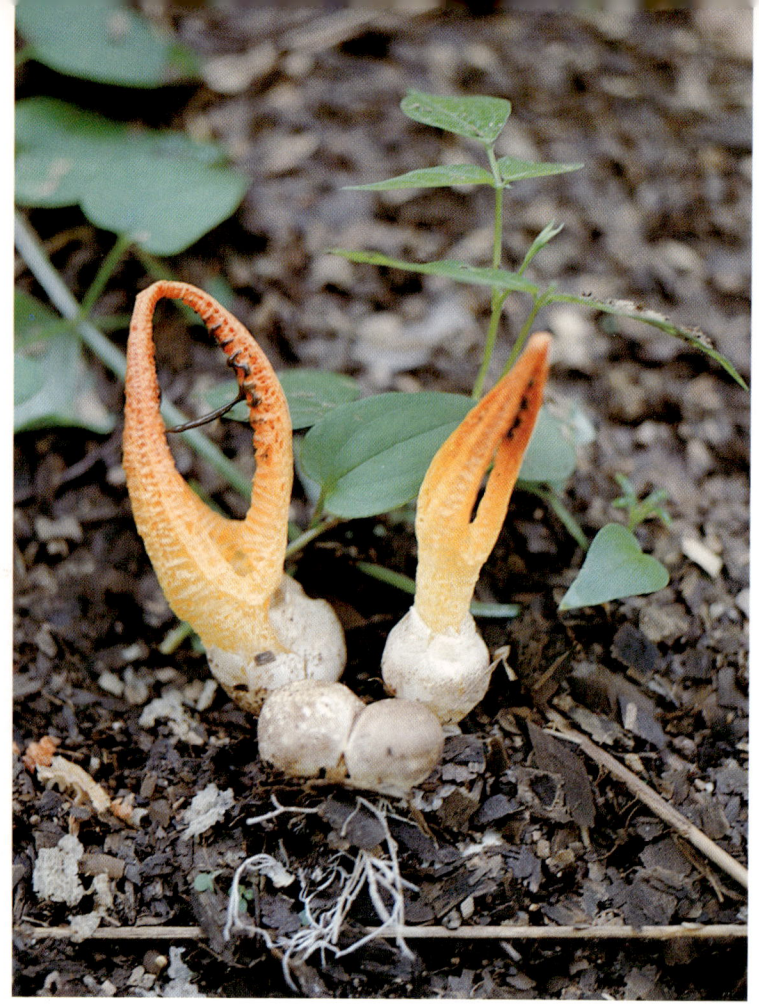

세발버섯

Pseudocolus schellenbergiae (Sumst.) Johnson

담자균류의 바구니버섯과에 속하는 아름다운 버섯이다.

버섯은 처음 알 모양에서 1개의 기본체가 나와서 보통 3가닥 간혹 4가닥의 활 모양으로 갈라지나 끝은 다시 결합한다. 안쪽에 고약한 냄새가 나는 흑갈색의 점액성 물질이 있다. 높이는 4.5 내지 8센티미터로 크림색 또는 핑크색이며 잘 부서진다.

포자의 크기는 4.5 내지 5마이크로미터, 폭은 2 내지 2.2마이크로미터로 타원형 또는 긴 타원형이다. 봄부터 가을 사이에 숲 속이나 등산로의 땅에 홀로 또는 흩어져 나며 특히 대나무밭에 많이 난다. 고약한 냄새가 나는 점액성 물질에 포자가 있어서 곤충 등의 몸에 붙어서 포자를 퍼뜨리는 역할을 하고 있다.

우리나라에서는 월출산, 발왕산, 모악산 등 거의 전국에서 자생하며 세계적으로는 일본, 대만, 중앙아메리카, 북아메리카 등에 분포한다.